全国高职高专测绘类核心课程规划教材

GPS测量技术

主　编　聂琳娟

副主编　李　娜　张玉堂

主　审　王金玲

U0250214

WUHAN UNIVERSITY PRESS

武汉大学出版社

图书在版编目(CIP)数据

GPS测量技术/聂琳娟主编;李娜,张玉堂副主编;王金玲主审.—武汉:武汉大学出版社,2012.5(2019.6重印)
全国高职高专测绘类核心课程规划教材
ISBN 978-7-307-09749-0

Ⅰ.G… Ⅱ.①聂… ②李… ③张… ④王… Ⅲ.全球定位系统(GPS)—测量—高等职业教育—教材 Ⅳ.P228.4

中国版本图书馆 CIP 数据核字(2012)第 073106 号

责任编辑:胡 艳   责任校对:刘 欣   版式设计:马 佳

出版发行:武汉大学出版社 (430072 武昌 珞珈山)
          (电子邮箱:cbs22@whu.edu.cn 网址:www.wdp.com.cn)
印刷:湖北睿智印务有限公司
开本:787×1092 1/16 印张:11.75 字数:278 千字 插页:1
版次:2012 年 5 月第 1 版   2019 年 6 月第 4 次印刷
ISBN 978-7-307-09749-0/P·200   定价:24.00 元

前　言

全球定位系统（Global Positioning System，GPS）是美国国防部 20 世纪 70 年代研制的新一代的卫星导航系统，主要满足军事部门和民用部门对实时和三维导航的迫切需要。GPS 自问世之初，便以全天候、高精度、高效益、自动化等优点，在大地测量、地壳运动监测、资源勘探、精密工程测量、航空与卫星遥感、交通管理、海洋测绘、气象学等领域得到了广泛应用。

本书作为全国高职高专测绘类核心课程规划教材，在框架组织上，符合高职测绘类专业规范对人才培养的要求及课程设置，体现了高职高专人才培养的特色；在内容选取上，与时俱进，力求体现 GPS 定位技术的新发展、新要求；同时，考虑高职高专教学特色，坚持理论够用、强化实践的原则，合理安排内容，做到通俗易懂、易教易学。

全书共分 8 章，第 1 章为绪论，主要介绍全球导航卫星系统的发展过程，尤其是对 GPS 卫星导航定位系统的产生、发展、系统组成、特点和 GPS 现代化作了较为系统的概述。第 2 章介绍 GPS 定位的时空基准问题，主要包括坐标系统和时间系统的组成、定义及不同系统间的转换关系。第 3 章介绍了卫星轨道运动规律，包括卫星的无摄运动和受摄运动；同时，对卫星广播星历、精密星历、GPS 卫星的信号构成和 GPS 卫星轨道坐标计算也作了简要介绍。第 4 章重点介绍了 GPS 定位的基本原理。第 5 章介绍了影响 GPS 定位结果的各类误差及消除或削弱误差的各种对策与措施。第 6 章介绍了 GPS 测量的技术要求、施测程序和外业数据质量检核，对 RTK 技术也作了详尽介绍，可作为生产实践的参考。第 7 章介绍了 GPS 数据处理的方法、误差方程的组成及精度评定，对目前常用的数据处理软件作了比较详细的介绍。第 8 章概括介绍了 GPS 的主要应用领域及其成果。附录提供了技术设计书和技术总结，以供参考。

本书由湖北水利水电职业技术学院聂琳娟担任主编，沈阳农业大学高职学院李娜、湖北国土资源职业学院张玉堂担任副主编。其中，第 1 章由陕西交通职业技术学院王万平编写，第 2 章 2.1 节、第 4 章由湖北水利水电职业技术学院聂琳娟编写，第 2 章 2.2 节由广东省国土资源测绘院谭建冬编写，第 3 章由安徽工业经济职业技术学院王新鹏编写，第 5 章、第 7 章由沈阳农业大学高职学院李娜编写，第 6 章由湖北国土资源职业学院张玉堂编写，第 8 章由湖北工业大学商贸学院万凤鸣编写，附录由湖北水利水电职业技术学院徐卫卓编写。全书由聂琳娟统稿。

本书在编写过程中，得到了武汉大学出版社和编者所在单位的大力支持，在此一并致谢。

湖北水利水电职业技术学院王金玲副教授审阅了本书，提出了宝贵的修改意见，在此表示诚挚的谢意。

由于编者水平有限，不足之处恳请读者批评指正。

编　者

2012 年 3 月

目　　录

第1章 绪 论

☞ **教学目标**

全球导航卫星系统(Global Navigation Satellite System，GNSS)以其全天候、高精度、高效益、自动化等特点，在大地测量、精密工程测量、地壳运动监测、资源勘探、城市控制网的改善、运动目标的测速和精密时间传递等方面已得到广泛应用。通过学习本章，了解全球导航卫星系统的发展过程，掌握美国GPS卫星导航定位系统的产生、发展、系统组成、特点和美国政府的GPS政策。

1.1 卫星导航定位技术概述

导航是指对运动目标(通常是指运载工具，如飞船、飞机、船舶、汽车、运载武器等)的实时、动态定位，即三维位置、速度和包括航向偏转、纵向摇摆、横向摇摆三个角度的姿态的确定。定位就是测量和表达信息、事件或目标发生在什么时间、什么相关的空间位置的理论方法与技术。早期的导航定位技术主要依靠天文导航定位，目前常用的导航定位技术有常规大地测量定位技术、惯性导航定位技术、无线电导航定位技术和卫星导航定位技术。卫星导航定位技术是把卫星作为动态已知点，通过接收导航卫星发送的导航定位信号，为运动载体提供实时、高精度的位置、速度和时间信息的技术。

1.1.1 子午卫星系统及其局限性

1. 子午卫星系统

1957年10月，世界上第一颗人造地球卫星成功发射，科学家开始着手进行卫星定位和导航的研究工作。美国詹斯·霍普金斯大学应用物理实验室的吉尔博士和魏芬巴哈博士对该卫星发射的无线电信号的多普勒频移进行的研究表明，利用地面跟踪站上的多普勒测量资料可以精确确定卫星轨道；同时，另外两位科学家麦克卢尔博士和克什纳博士的研究表明，如果对一颗轨道已被准确确定的卫星进行多普勒测量，则可以确定用户的位置。这些工作为子午卫星系统的诞生奠定了必要基础，当时美国海军正在寻求一种可对北极星潜艇中的惯性导航系统进行不间断地精确修正的方法，所以积极资助应用物理实验室开展深入的研究。1958年12月，在美国海军的资助下，詹斯·霍普金斯大学应用物理实验室研制了为美国军用舰艇导航服务的卫星系统，即海军导航卫星系统(Navy Navigation Satellite System，NNSS)，在该系统中，卫星的轨道都通过地极，故也称为子午(Transit)卫星系统。

子午卫星系统是美国海军研制、开发、管理的第一代卫星导航定位系统，该系统采用多普勒测量的方法来进行导航和定位。1959 年 9 月，美国发射了第一颗试验性卫星，到 1961 年 11 月，先后发射了 9 颗试验性导航卫星。经过几年试验研究，解决了卫星导航的许多技术问题。从 1963 年 12 月起，陆续发射了由 6 颗卫星组成的子午卫星星座，1964 年，该系统建成并投入使用。该系统轨道接近圆形，卫星高度为 1100km，轨道倾角为 90° 左右，周期约为 107min，位于中纬度地区的用户，平均每隔 1.5h 便可观测到其中一颗卫星。1967 年 7 月，该系统解密后提供民用，用户数量激增，最终达 95000 个用户，其中军方用户只有 650 个，不足总数的 1%。

2. 子午卫星系统的局限性

虽然采用多普勒测量的方法建立起来的子午卫星系统在卫星导航定位的发展中具有里程碑的意义，但该系统也存在明显的缺点，主要表现为：

(1)无法提供实时、动态定位。

由于该系统卫星数目较少(5~6 颗)，因而从地面站观测所需等待卫星出现的时间较长(平均约 1.5h)，无法提供连续的实时定位，难以充分满足军事方面，尤其是高动态目标(如飞机、导弹、卫星等)导航的要求，也无法满足汽车等运行轨迹较为复杂的地面车辆导航定位的需要。

(2)定位速度慢。

利用子午卫星进行测量时，由于卫星数目少，大部分时间都是在等待卫星，真正的观测时间不足 20%，限制了作业效率。为获得对大地测量有意义的成果，一般需观测 50~100 次合格的卫星通过，历时一星期左右。

(3)定位精度低。

子午卫星运行高度较低(平均约 1100km)，属于低轨卫星，卫星运行时受地球重力场模型误差和大气阻力等摄动因素的误差影响很大，通常只能获得分米级至米级的定位精度；同时，还受到信号频率、卫星钟等其他因素的影响，所以该系统在大地测量学和地球动力学研究方面的应用也受到了很大的限制。

1.1.2 GPS 的产生和发展

由于子午卫星系统存在上述缺点，为了满足军事部门和民用部门对实时和三维导航的迫切要求，1973 年，美国国防部便开始组织海、陆、空三军，共同研究建立新一代的卫星导航系统——授时与测距导航系统/全球定位系统(Navigation System Timing and Ranging/Global Positioning System, NAVSTAR/GPS)，通常简称为全球定位系统(GPS)。

GPS 计划的全部投资超过 200 亿美元。自 1974 年以来，系统的建立经历了方案论证(1974—1978 年)、系统论证(1979—1987 年)和生产试验(1988—1993 年)三个阶段，是继阿波罗计划、航天飞机计划之后的又一个庞大的空间计划。

自 1978 年 2 月 22 日第一颗 GPS 试验卫星发射成功，整个论证阶段共发射了 11 颗 Block I 试验卫星。1993 年 7 月，进入轨道可正常工作的 Block I 试验卫星和 Block II、Block II A 型工作卫星的总和已达 24 颗，系统已具备了全球连续导航定位能力，故美国国防部于 1993 年 12 月 8 日正式宣布："全球定位系统已具备初步工作能力 IOC(Initial Operational Capability)。"这标志着研制组建试验阶段已结束，整个系统已进入了正常运行的阶段，除了非常时期外，可实现全球、全天候的连续导航定位服务。此后，经过一年多的运行，美国空军空间部于 1995 年 4 月 27 日宣布："全球定位系统已具有完全的工作能力（Full Operational Capability，FOC）。"

目前，GPS 作为全球唯一保持正常运行的卫星导航定位系统，已在军事、交通运输、测绘、高精度时间比对、土地利用规划及资源调查等领域中得到了广泛的应用，为测绘领域带来了一场深刻的技术革命。

1.1.3　GPS 的特点

随着 GPS 定位技术和数据处理技术的极速发展，GPS 得到广泛应用，理论和实践表明，GPS 具有以下显著特点：

1. 选点灵活，无需通视

经典测量技术既要保持良好的通视条件，又要保障测量控制网的良好图形结构。而 GPS 测量只要求测站上空为净空，卫星信号不受干扰即可，并不需要观测站之间相互通视，因而不再需要建造造价昂贵又极易遭受破坏的觇标。这一优点即可大大减少测量工作的经费和时间（一般建标费用占总经费的 30%～50%），同时，也使选点工作变得非常灵活，完全可以根据工作的需要来确定点位，可省去经典大地测量中传算点、过渡点的测量工作。

不过也应指出，GPS 测量虽然不要求观测站之间相互通视，但为了方便用常规方法联测的需要，在布设 GPS 点时，应该保证至少一个方向通视。

2. 定位精度高，速度快

大量实验和实践表明，在小于 50km 的基线上，GPS 相对定位精度可达 $(1\sim2)\times10^{-6}$；在 100～500km 的基线上，可达 $10^{-6}\sim10^{-7}$；在大于 1000km 的基线上，可达到或优于 10^{-8}。

同时，随着 GPS 硬件和软件的不断发展，观测时间进一步缩短，作业速度快速提高。20km 以内的静态相对定位仅需 15～20min；15km 以内的快速静态相对定位，流动站观测时间仅需 1～2min；而动态相对定位中，流动站出发时观测 1～2min 即可随时定位，每站观测时间只需几秒钟。

3. 操作简便，效益增加

GPS 接收机重量轻、体积小、携带方便且自动化程度高，外业观测只需安置仪器、量取仪器高、监视仪器的工作状态和采集环境的气象数据，而其他观测工作，如卫星的捕获、跟踪观测和记录等，均由仪器自动完成，极大地减轻了外业观测工作的劳动强度。

4. 提供全球统一的三维地心坐标

经典大地测量分别采用不同方法得到测站的平面位置和高程，而 GPS 在精确测定测站平面位置的同时，还可精确测定测站的大地高，提供测站点全球统一的 WGS-84 坐标，使全球不同测站的测量成果具有关联性。GPS 测量的这一特点，不仅为研究大地水准面的形状和确定地面点的高程开辟了新途径，同时也为其在航空物探、航空摄影测量及精密导航中的应用提供了重要的高程数据。

5. 全天候作业，变被动为主动

GPS 卫星的全球覆盖使 GPS 测量工作可以不受时间、地点的限制，实现全天候连续作业。

GPS 定位技术的发展，对于经典的测量技术是一次革命性突破，一方面，它使经典的测量理论与方法产生了深刻的变革；另一方面，也进一步加强了测量学与其他学科之间的相互渗透，从而促进了测绘科学技术的现代化发展。

1.2 GPS 系统组成

GPS 定位系统包括空间星座部分(GPS 卫星星座)、地面监控部分和用户设备部分(GPS 信号接收机)(图 1-1)，三大部分之间应用数字通信技术联络传达各种信号信息，靠各种计算软件处理繁复的数据，最后由用户接收信号解决导航定位问题。

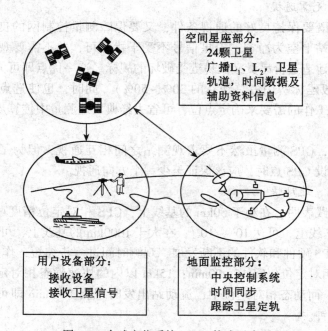

图 1-1 全球定位系统(GPS)构成示意图

1.2.1 空间星座部分

GPS 空间星座部分由若干在轨运行卫星构成，提供系统自主导航定位所需的无线电导航定位信号。GPS 卫星是空间部分的核心，其主体呈圆柱形，两侧设有两块双叶太阳能板，能自动对日定向，以保证卫星的正常工作用电。每颗卫星装有微处理器和大容量存储器，采用高精度原子钟(铷钟、铯钟甚至氢钟)为系统提供高稳定度的信号频率基准和高精度的时间基准。

GPS 卫星的基本功能是：接收和储存由地面监控站发来的导航信息，接收并执行监控站的控制指令；通过微处理机进行部分必要的数据处理；通过高精度的原子钟提供精密的时间标准和频率基准；向用户发送导航电文和定位信息；通过推进器调整卫星的姿态和启用备用卫星。

GPS 设计星座由 24 颗卫星组成，其中包括 3 颗备用卫星。轨道平均高度约为

20200km的卫星均匀分布在 6 个轨道面内，每个轨道面上分布有 4 颗卫星。卫星轨道面相对地球赤道面的倾角约为 55°，各轨道面升交点赤经相差 60°，在相邻轨道上，卫星的升交距角相差 30°，卫星的分布情况如图 1-2 所示。

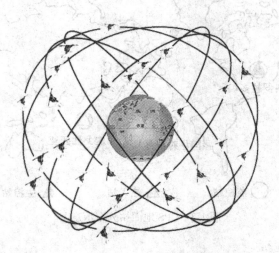

图 1-2 GPS 卫星设计星座

20000km 高空的 GPS 卫星属于高轨卫星，由于其对地球重力异常的反应灵敏度较低，故常作为具有精确位置信息的高空观测目标，通过测定至少 4 颗卫星与用户接收机之间的距离或距离差来完成定位任务。GPS 卫星的运行周期为 11h58min，这样，对于同一测站而言，每天将提前 4min 见到同一颗卫星。位于地平线以上的卫星数随时间和地点的不同而异，最少 4 颗，最多 12 颗，这保证了在地球上任何地点、任何时刻均至少可以同时观测到 4 颗 GPS 卫星，且卫星信号的传播和接收不受天气的影响，因此，GPS 是一种全球性、全天候、连续实时的导航定位系统。

1.2.2 地面监控部分

GPS 的地面监控部分主要由分布在全球的 1 个主控站、3 个注入站和 5 个监测站组成，其分布如图 1-3 所示。

主控站位于美国科罗拉多斯普林斯（Colorado Springs）的联合空间执行中心（CSOC），是地面监控系统的调度指挥中心，主要设备为大型电子计算机。主控站的主要任务是根据本站和各监测站的全部观测资料，推算卫星星历、状态数据和大气层改正参数等，编制成导航电文，传送到注入站；推算各监测站、GPS 卫星的原子钟与主控站的原子钟的钟差，并把这些钟差信息编入导航电文，为系统提供统一的时间基准；调度卫星（调整失轨卫星、启用备用卫星）。

3 个注入站分别设在南大西洋的阿松森群岛（Ascension）、印度洋的迭戈伽西亚（Diego Garcia）和南太平洋的卡瓦加兰（Kwajalein）3 个美国军事基地上。注入站的主要任务是在主控站的控制下，将主控站推算和编制的导航电文和其他控制指令注入相应 GPS 卫星，并且监测注入信息的正确性。

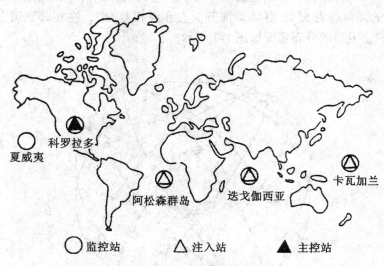

图 1-3　GPS 地面站分布示意图

5 个监测站除位于主控站和 3 个注入站外，还包括设在夏威夷岛的监测站。监测站利用双频 GPS 接收机对卫星进行连续观测，监控卫星工作状态；利用高精度原子钟，提供时间标准；利用气象数据传感器收集当地的气象资料。监测站自动完成数据采集，并将所有数据通过计算机进行存储和初步处理，传送到主控站，用于编制卫星导航电文。

1.2.3　用户设备部分

GPS 接收机硬件、软件、微处理机及其终端设备构成用户设备部分。GPS 接收机硬件主要包括天线、主机和电源，软件分为随机软件和专业 GPS 数据处理软件，而微处理机则主要用于各种数据处理。

利用 GPS 接收机接收卫星发射的无线电信号，解译 GPS 卫星所发送的导航电文，即可获得必要的导航定位信息和观测信息，并经数据处理软件的处理未完成各种导航、定位、授时任务。

GPS 接收机根据接收的卫星信号频率数，可分为单频接收机和双频接收机；根据用途的不同，可分为导航型接收机、测量型接收机和授时型接收机；根据信号通道类型的不同，可分为多通道接收机、序贯通道接收机和多路复用通道接收机。GPS 用户可根据不同要求，选择不同接收设备。目前，各种类型的 GPS 接收机日趋小型化，更加便于野外作业。

1.3　美国政府的 GPS 政策

全球定位系统在研制之初即是为了满足美国军事方面的需求，为了保障美国的利益与安全，限制未经美国特许的用户利用 GPS 定位的精度，美国国防部在研制 GPS 总体方案时，就已经制定了"主要为军用，同时也兼顾民用"的双用途策略。此后，陆续出台了一系列的双用途政策来限制用户获取 GPS 观测量的精度，这些措施主要包括：选择可用性（Selective Availability，SA）政策和精测距码（P 码）的加密措施（Anti-Spoofing，AS）。

1.3.1　SA 政策

考虑到 GPS 在军事上的巨大应用潜力以及 C/A 码是公开向全球所有用户开放的这一基本政策，为防止敌对方利用 GPS 危害美国的国家安全，美国国防部从 1991 年 7 月 1 日起，在所有的工作卫星上实施 SA 技术。其主要的技术手段，一是在卫星的广播星历中人为地加入误差，以降低卫星星历的精度，这就是所谓的 ε 技术，采取这种技术后，用户在进行距离交会时，已知点的坐标精度已被大幅度降低，从而降低了交会的精度；二是有意识地使卫星钟频产生一种快速的抖动，这种抖动实际上也是一种伪随机过程，对于未掌握其变化规律的用户来讲，产生的效果相当于降低了钟的稳定度，从而影响导航定位精度，这就是所谓的 δ 技术。实施 SA 政策后，未经美国政府授权的使用标准定位服务的广大用户所获得的平面定位精度被降至±100m，高程±156m。

为应对世界其他全球导航卫星系统的挑战，美国政府已于 2000 年 5 月 2 日停止实施 SA 政策，同时承诺进一步改进和完善全球定位系统，实现全球定位系统的现代化。

1.3.2　AS 政策

AS 政策是美国国防部为防止敌对方对 GPS 卫星信号进行电子欺骗和电子干扰而采取的一种措施，该措施从 1994 年 1 月 31 日起实施。其具体做法是，在 P 码上加上严格保密的 W 码，使其模二相加产生完全保密的 Y 码。AS 是一项防卫性的措施，但产生的客观效果是限制了广大非特许用户使用 Y 码的可能性。而无法获得高精度的测码伪距将给 GPS 测量带来许多不便，增加了载波相位测量数据处理的难度。

近年来，经过接收机生产厂家的不懈努力，在美国政府实施 AS 政策的情况下，未经美国政府授权的一般测量用户只要采用 Z 跟踪技术，就仍然能利用 P 码来进行测距，从而较好地克服了 AS 政策所造成的消极影响。

1.3.3　GPS 现代化

1999 年 1 月 25 日，美国副总统戈尔宣布将斥资 40 亿美元进行 GPS 现代化，以加强 GPS 对美军现代化战争的支撑和保持全球民用导航领域中的领导地位。GPS 现代化重点将在军用和民用两方面改善 GPS 的核心服务。

在军事方面，为了满足和适应 21 世纪美国国防现代化发展的需要，更好地支持和保障军事行动，在今后"信息战"、"电子战"的背景下，GPS 必须要有更好的抗电子干扰能力。不仅要保障 GPS 用户的安全使用，同时还要对不同类型 GPS 用户提供不同使用范围，此外，还要缩短 GPS 的首次初始化时间，并且和其他军事导航系统和各类武器装备均要相互配适。

在民用方面，重点是改善民用导航和定位的精度，扩大服务的覆盖面和改善服务的持续性，提高导航的安全性，保持 GPS 在全球卫星导航系统中技术和销售的领先地位，注意和现有的及将来的民用其他空间导航系统的匹配和兼容，以更好地满足民用导航、定位、大气探测等方面的需求。

从有关文献看，GPS 现代化的实质可以归纳为：

（1）保护，即采用一系列措施保护 GPS 系统不受敌方和黑客的干扰，增加 GPS 军用信号的抗干扰能力，其中包括增加 GPS 的军用无线电信号的强度。

（2）阻止，即阻止敌方利用 GPS 的军用信号，设计新的 GPS 卫星型号（ⅡF），设计新的 GPS 信号结构，增加频道，将民用频道 L_1、L_2、L_5 和军用频道 L_3、L_4 分开。

（3）改善 GPS 定位和导航的精度，在 GPS ⅡF 卫星中增加两个新的民用频道，即在 L_2 中增加 C/A 码（2005 年），另增 L_5 民用频道（2007 年）。

1.4 其他卫星导航定位系统概况

1.4.1 GLONASS 全球导航卫星系统

GLONASS 全球导航卫星系统（Global Navigation Satellite System）是苏联于 1976 年开始研制的卫星导航定位系统，并于 1982 年 10 月发射了第一颗 GLONASS 卫星，现由俄罗斯空间局负责管理和维持。该系统的整体结构类似于 GPS 系统，由卫星、地面测控站和用户设备三部分组成，其主要不同之处在于星座设计、信号载波频率和卫星识别方法的设计不同。

GLONASS 卫星星座包含 24 颗卫星，卫星均匀分布在 3 个近圆形的轨道平面上，轨道倾角为 64.8°，相邻轨道面的升交点赤经之差为 120°，每个轨道面上有 8 颗卫星，卫星的平均高度为 19390km，运行周期为 11h15min44s，GLONASS 卫星星座如图 1-4 所示。GLONASS 系统采用距离交会原理进行工作，可为地球上任何地方及近地空间的用户提供连续、精确的三维坐标、三维速度及时间信息。俄罗斯对 GLONASS 系统采用了军民合用、不加密的开放政策，其民用的标称精度为：水平方向 60m，垂直方向 75m，测速精度 15cm/s，授时精度 1μs。

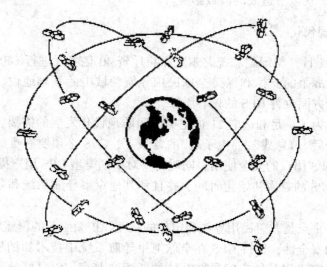

图 1-4 GLONASS 卫星星座

近年来，由于俄罗斯航天拨款不足，该系统部分卫星一度老化，最严重时只剩 8 颗卫星运行。为提高 GLONASS 的竞争能力，2000 年起，俄罗斯大力推行 GLONASS 现代化政策，逐步加大系统建设和维护的经费投入，提高系统的定位精度，开拓广大的民用市场，其主要内容包括：

（1）发射 GLONASS-M 卫星，增加第二个民用频率。第一颗 GLONASS-M 卫星已于 2004 年 12 月发射，卫星设计寿命为 7 年。

（2）改进地面控制部分，包括改进控制中心，开发用于轨道监测和控制的现代化测量设备，改进控制站和控制中心之间的通信设备。

（3）提高定位精度，位置精度提高到 10～15m，定时精度提高到 20～30ns，测速精度提高到 0.01m/s。

（4）研制和发射第三代 GLONASS-K 卫星，增设第三个导航定位信号。2011 年 2 月 26 日，首颗 GLONASS-K 卫星发射成功，设计使用寿命为 10 年，提供 5 种导航信号，即 L_1 和 L_2 波段的两个普通精度和两个高精度信号，还有 L_3 波段的一个民用频率信号。

GLONASS 的出现，打破了美国对卫星导航独家垄断的地位，消除了美国利用 GPS 施以主权威慑给用户带来的后顾之忧，GPS/GLONASS 兼容使用可以提供更多的接收卫星数、更好的几何精度因子，从而提高定位精度。

1.4.2　GALILEO 卫星导航定位系统

GPS 和 GLONASS 分别受到美国和俄罗斯两国军方的严密控制，其信号的可靠性无法得到保证，长期以来，欧洲只能在美、俄的授权下从事接收机制造、导航服务等从属性的工作，为了能在卫星导航领域占有一席之地，欧洲意识到建立拥有自主知识产权的卫星导航系统的重要性；同时，在欧洲一体化进程中，建立欧洲自主的卫星导航系统能全面加强欧盟诸成员国之间的联系和合作。在这种背景下，欧盟于 2002 年 3 月冲破美国政府的干扰，决定启动一个军民两用，并与现有的卫星导航系统相兼容的全球卫星导航计划——伽利略（GALILEO）计划。GALILEO 系统成为第一个由民间开发、主要为民间服务的新一代高效经济的 GNSS 系统。

GALILEO 系统主要由 3 大部分组成：空间星座部分、地面监控与服务设施部分和用户设备部分。此外，GALILEO 系统还提供与外部系统（如 COSPAS-SARSAT 系统）以及地区增值服务运营系统的接口。

GALILEO 系统的卫星星座由分布在 3 个轨道面上的 30 颗中等高度轨道卫星构成，每个轨道面 10 颗卫星，其中一颗备用，轨道倾角为 56°，卫星轨道高度为 23616km，运行周期为 14h4min，地面跟踪重复时间为 10 天。

根据欧盟和欧洲空间局共同制定的 GALILEO 系统建设实施计划，2000—2001 年为系统可行性评估阶段；2001—2005 年为系统研制阶段，包括研制卫星及地面设施、系统在轨确认，发射 2～4 颗卫星进行在轨试验，建设部分地面控制设施；2006—2007 年为建设阶段，包括制造和发射卫星，地面设施建设并投入使用，发射余下的 26～28 颗卫星完成布网；2008 年以后系统开始运营。

不过，从诞生之初，GALILEO 计划就由于欧盟国家之间在资金投入上的问题而一再延迟。迄今为止，仅有两颗试验卫星 GIOV-A 和 GIOV-B 分别在 2005 年和 2008 年发射升空。2011 年 10 月 21 日，首批两颗 GALILEO 导航卫星发射成功，欧洲空间局曾表示，该局计划 2012 年再发射两颗卫星，并在随后几年内陆续发射其他 26 颗卫星，以完成卫星导航系统的构建。这比 GALILEO 计划原定 2008 年投入商业运行至少延迟 6 年。到 2019 年，将完成全部 30 颗卫星的发射，实现全球覆盖。

GALILEO 系统的主要特点是多载波、多服务、多用途，除具有全球导航定位功能外，还具有全球搜索救援等功能，并向用户提供公开服务、安全服务、商业服务、政府服务等不同模式的服务，其中，公开服务和安全服务是供全体用户自由使用的，而其他服务模式则需经过特许，有控制地使用。GALILEO 系统的建立不仅使欧洲在经济、政治、技术上摆脱了对美国的过分依赖，还为欧洲的产业界创造了一个新的、巨大的全球卫星导航市场。中国也于 2003 年 9 月参与伽利略计划，就卫星的制造和发射、无线电传播环境实验、地面系统、接收机标准等领域开展广泛合作。

1.4.3　北斗卫星导航定位系统

北斗卫星导航系统(BeiDou(COMPASS)Navigation Satellite System)是我国正在实施的自主发展、独立运行的全球卫星导航系统，系统建设目标是：建成独立自主、开放兼容、技术先进、稳定可靠的覆盖全球的北斗卫星导航系统，促进卫星导航产业链形成，形成完善的国家卫星导航应用产业支撑、推广和保障体系，推动卫星导航在国民经济社会各行业的广泛应用。

北斗卫星导航系统由空间段、地面段和用户段三部分组成，空间段包括 5 颗静止轨道卫星和 30 颗非静止轨道卫星，地面段包括主控站、注入站和监测站等若干个地面站，用户段包括北斗用户终端以及与其他卫星导航系统兼容的终端。

根据系统建设总体规划，建设分"三步走"：

第一步是试验阶段，即用少量地球同步卫星来完成试验任务，为北斗卫星导航系统建设积累技术经验、培养人才，研制一些地面应用基础设施设备等。从 2000 年到 2003 年，我国已经建成北斗卫星导航试验系统，使我国成为继美国、俄罗斯之后世界上第三个拥有自主卫星导航系统的国家。

第二步是到 2012 年左右，系统将首先具备覆盖亚太地区的定位、导航和授时以及短报文通信服务能力。

目前，已成功发射 4 颗北斗导航试验卫星和 11 颗北斗导航卫星(表 1-1)。2007 年 4 月 14 日，我国成功发射了北斗二代系统首颗试验卫星 COMPASS-M1，它工作在高度 21500km、倾角为 55°的 MEO(中地球轨道)圆轨道上，拉开了北斗全球卫星导航系统布网建设的序幕。其后陆续发射 6 颗卫星。2011 年 4 月 10 日，成功将第八颗北斗导航卫星、也是第三颗 IGSO(倾斜地球同步轨道)卫星送入太空预定转移轨道，这次北斗导航卫星的成功发射标志着北斗区域卫星导航系统的基本系统建设完成，我国自主卫星导航系统建设进入新的发展阶段。这颗卫星将与 2010 年发射的 5 颗导航卫星共同组成"3+3"基本系统(即 3 颗 GEO(同步静止轨道)卫星加上 3 颗 IGSO 卫星)，经一段时间在轨验证和系统联调后，将具备向我国大部分地区提供初始服务条件。

表 1-1 北斗卫星发射列表

卫星	发射日期	运载火箭	轨道
第 1 颗北斗导航试验卫星	2000.10.31	CZ-3A	GEO
第 2 颗北斗导航试验卫星	2000.12.21	CZ-3A	GEO
第 3 颗北斗导航试验卫星	2003.05.25	CZ-3A	GEO
第 4 颗北斗导航试验卫星	2007.02.03	CZ-3A	GEO
第 1 颗北斗导航卫星	2007.04.14	CZ-3A	MEO
第 2 颗北斗导航卫星	2009.04.15	CZ-3C	GEO
第 3 颗北斗导航卫星	2010.01.17	CZ-3C	GEO
第 4 颗北斗导航卫星	2010.06.02	CZ-3C	GEO
第 5 颗北斗导航卫星	2010.08.01	CZ-3A	IGOS
第 6 颗北斗导航卫星	2010.11.01	CZ-3C	GEO
第 7 颗北斗导航卫星	2010.12.18	CZ-3A	IGOS
第 8 颗北斗导航卫星	2011.04.10	CZ-3A	IGOS
第 9 颗北斗导航卫星	2011.07.27	CZ-3A	IGOS
第 10 颗北斗导航卫星	2011.12.02	CZ-3A	IGOS
第 11 颗北斗导航卫星	2012.02.25	CZ-3C	GEO

随着 2011 年 7 月、12 月两颗北斗导航卫星的成功发射，2011 年 12 月 27 日，我国宣布开始北斗卫星导航系统试运行。系统在保留北斗卫星导航试验系统有源导航定位和短报文通信服务的同时，开始向中国及周边地区提供连续的无源导航、定位和授时服务。系统服务区为东经 84°到 160°、南纬 55°到北纬 55°之间的大部分区域，平面位置精度为 25m，高程精度为 30m，测速精度为 0.4m/s，授时精度为 50ns。2012 年，按照北斗系统组网发射计划，还要发射 6 颗组网卫星，进一步扩大系统服务区域和提高服务性能，形成覆盖亚太大部分地区的服务能力，届时，覆盖区内定位精度将达到 10m。2012 年 2 月 25 日，第 11 颗北斗导航卫星成功送入太空预定转移轨道，这是我国 2012 年发射的首颗北斗导航系统组网卫星，标志着我国北斗卫星导航系统建设又迈出了坚实的一步。

第三步是到 2020 年左右，建成由 5 颗静止轨道卫星和 30 颗非静止轨道卫星组成的覆盖全球的北斗卫星导航系统。当前，北斗系统的建设已经进入密集主网的发射阶段。

北斗卫星导航系统已成功应用于测绘、电信、水利、渔业、交通运输、森林防火、减灾救灾和公共安全等诸多领域，产生了显著的经济效益和社会效益，特别是在 2008 年北京奥运会及汶川抗震救灾中发挥了重要作用。

习题和思考题

1. 简述卫星导航定位技术的发展过程。

2. 子午卫星导航系统的缺陷是什么？

3. 简述 GPS 系统的组成，并说明各部分的作用。

4. GPS 测量技术相对于常规测量技术而言有什么特点？

5. 选择可用性 SA(Selective Availability)技术的主要内容是什么？主要起什么作用？

6. 反电子欺骗 AS(Anti-Spoofing)技术是采用什么方法？

7. GPS 现代化的实质是什么？

8. 全球导航卫星系统有哪些？

9. 简述我国北斗卫星导航定位系统的发展历程。

第 2 章　GPS 定位的时空基准

☞ **教学目标**

　　坐标系统和时间系统是 GPS 定位的重要基准。通过学习本章，了解天球的基本概念、常用大地坐标系及国际地球参考框架，理解 GPS 定位中常用的描述卫星运动的天球坐标系和描述测站位置的地球坐标系及其相互转换关系，掌握岁差、章动、极移和各时间系统的基本概念。

　　利用 GPS 卫星定位技术确定物体的空间位置，需要一个统一的位置和时间参考基准。GPS 定位的时空基准是指 GPS 的坐标基准和时间基准，由相应的 GPS 坐标系统和时间系统及其相应的参考框架来实现。GPS 卫星围绕地球质心旋转，与地球自转无关，常在天球坐标系中描述其运行位置和状态，而观测站则固定在地球表面，其空间位置随地球自转而运动，通常用与地球体相固联的地球坐标系表示。这样，要建立卫星和观测站的空间位置关系，还需研究天球坐标系与地球坐标系的转换关系。

2.1　坐 标 系 统

　　在 GPS 定位中，常采用两类坐标系统，一类是与地球自转无关的天球坐标系，另一类是与地球体相固联的地球坐标系。天球坐标系是在空间固定的坐标系，主要用于描述卫星的运行位置与状态；地球坐标系对于表达地面观测站的位置和处理 GPS 观测数据尤为方便，在经典大地测量学中，具有多种表达形式和极为广泛的应用。

　　坐标系统由坐标原点位置、坐标轴的指向和尺度所定义。在 GPS 定位中，坐标系的原点一般取地球的质心，坐标轴的指向具有一定的选择性，但为了使用方便，通常以协议来确定某些全球性坐标系统的坐标轴指向。这种共同确认的坐标系，通常称为协议坐标系。

2.1.1　协议天球坐标系

1. 基本概念

　　在天文学中，通常把天体投影到天球的球面上，用球面坐标来表达天体的位置及其关系。所谓天球，是指球心位于地球质心、半径为无穷大的理想球体，如图 2-1 所示。为了建立球面坐标，需要确定球面上的一些参考点、线、圈，下面介绍定义天球坐标系所涉及的一些基本概念。

　　天轴与天极：地球自转轴无限延伸的直线定义为天轴，天轴交天球于南北两点 P_N 和

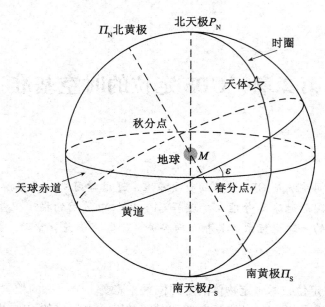

图 2-1 天球的概念

P_S，其中 P_N 称为北天极，P_S 称为南天极。

天球赤道面与天球赤道：通过地球质心 M 与天轴垂直的平面，称为天球赤道面。天球赤道面与地球赤道面相重合。该赤道面与天球相交的大圆，称为天球赤道。

天球子午面与子午圈：包含天轴并通过地球上任一点的平面，称为天球子午面。天球子午面与天球相交的大圆，称为天球子午圈。

时圈：通过天轴的平面与天球相交的半个大圆，称为时圈。

黄道：地球公转的轨道面与天球相交的大圆，即当地球绕太阳公转时，地球上的观测者所见到的太阳在天球上运动的轨迹，称为黄道。黄道面与赤道面的夹角 ε，称为黄赤交角，约为 23.5°。

黄极：通过天球中心，且垂直于黄道面的直线与天球的交点，称为黄极。其中，靠近北天极的交点 $\varPi_N$ 称为北黄极，靠近南天极的交点 $\varPi_S$ 称为南黄极。

春分点：当太阳在黄道上从天球南半球向北半球运行时，黄道与天球赤道的交点 γ，称为春分点。

在天文学和卫星大地测量学中，春分点和天球赤道面是建立参考系的重要基准点和基准面。

2. 天球坐标系的定义

在天球坐标系中，任一天体 s 的位置可用天球空间直角坐标系和天球球面坐标系两种形式来描述，如图 2-2 所示。

在天球空间直角坐标系中，天体 s 的坐标为 (x, y, z)，该坐标系的定义为：原点位于地球质心 M；z 轴指向天球北极 P_N；x 轴指向春分点 γ；y 轴垂直于 xMz 平面，与 x 轴和 z 轴构成右手坐标系。

在天球球面坐标系中，天体 s 的坐标为 (α, δ, r)，该坐标系的定义为：原点位于地

球质心 M；赤经 α 为包含天轴和春分点的天球子午面与过天体 s 的天球子午面之间的夹角；赤纬 δ 为原点 M 至天体 s 的连线与天球赤道面之间的夹角；向径长度 r 为原点 M 至天体 s 的距离。

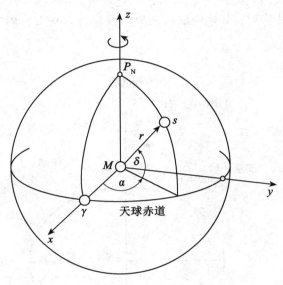

图 2-2   天球坐标系

天球空间直角坐标系和天球球面坐标系之间的转换关系为

$$\begin{bmatrix} x \\ y \\ z \end{bmatrix} = r \begin{bmatrix} \cos\delta \cdot \cos\alpha \\ \cos\delta \cdot \sin\alpha \\ \sin\delta \end{bmatrix} \tag{2-1}$$

或

$$\begin{cases} r = \sqrt{x^2 + y^2 + z^2} \\[2mm] \alpha = \arctan \dfrac{y}{x} \\[2mm] \delta = \arctan \dfrac{z}{\sqrt{x^2 + y^2}} \end{cases} \tag{2-2}$$

由于天球坐标系与地球的自转无关，所以天球坐标系的两种表达形式对于描述天体或人造地球卫星的位置和状态都尤为方便。在实践中，应用都很普遍。

3. 岁差与章动

由于地球形状接近于一个两极略扁、赤道隆起的椭球体，在日、月等星体引力作用下，地球绕太阳运行时，自转轴的方向不再保持不变，而在空间以顺时针方向(从北天极上方观察，以下同)绕北黄极产生缓慢的旋转，因而使北天极也以同样的方式在天球上绕北黄极产生旋转，其空间轨迹在天球上为一个圆，半径大小等于黄赤交角，周期大约为25800 年。这种现象，在天文学中称为岁差(图 2-3)。

在天球上，这种规律运动的北天极通常称为瞬时平北天极(简称平北天极)，与之相应的天球赤道和春分点称为瞬时天球平赤道和瞬时平春分点。由于日月引力的不断变化，北天极在天球上绕北黄极旋转的轨迹实际上要复杂得多。如果把观测时的北天极称为瞬时北天极(或称真北天极)，而地与之相应的天球赤道和春分点称为瞬时天球赤道和瞬时春分点(或称真天球赤道和真春分点)，那么，在日月引力等因素的影响下，瞬时北天极将绕平北天极产生顺时针旋转，其轨迹成椭圆形，振幅约为9."2，周期约为18.6年，这种现象称为章动(图2-3)。

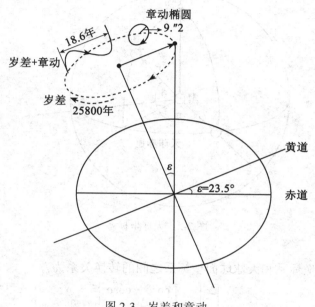

图 2-3 岁差和章动

为了描述北天极在天球上的运动，天文学中把北天极的复杂运动分解为两种规律运动，首先是平北天极绕北黄极的称为岁差的长周期运动，其次是瞬时北天极绕平北天极的称为章动的短周期运动。在岁差和章动的共同影响下，瞬时北天极绕北黄极旋转的轨迹如图2-3所示。

4. 协议天球坐标系的定义与转换

由于瞬时天球坐标系的坐标轴受岁差和章动的影响，其指向不断变化，在这种非惯性坐标系中，不能直接根据牛顿力学定律来研究卫星的运动规律。为了建立一个与惯性坐标系接近的坐标系，通常选择某一时刻 t_0 作为标准历元，并将此刻地球的瞬时自转轴(指向北极)和地心至瞬时春分点的方向，经该瞬时的岁差和章动改正后，分别作为 z 轴和 x 轴的指向。由此所构成的空固坐标系，称为所取标准时刻 t_0 的平天球坐标系或协议天球坐标系，也称为协议惯性坐标系(CIS)，天体的星历通常都在该系统中表示。国际大地测量学协会(IAG)和国际天文学联合会(IAU)决定，从1984年1月1日后启用的协议天球坐标系，其坐标轴的指向是以2000年1月15日太阳系质心力学时为标准历元(标以 J 2000.0)的赤道和春分点所定义。协议天球坐标系和瞬时天球坐标系可以通过相对标准历元的岁差和章动改正进行转换。

由卫星运动方程得到的卫星位置是在协议天球坐标系中表示的。为了将协议天球坐标系的卫星坐标转换到观测历元 t 的瞬时天球坐标系，需要进行坐标转换，通常分为两步，首先将协议天球坐标系中的坐标转换到观测瞬时的平天球坐标系，然后再将瞬时平天球坐标系的坐标转换到瞬时天球坐标系。

1）将协议天球坐标系转换为瞬时平天球坐标系

由于协议天球坐标系与瞬时平天球坐标系的差别仅在于由岁差引起的坐标轴指向不同，因此进行转换时，只需将协议天球坐标系的坐标轴加以旋转即可。如果以 $(x,y,z)_{\text{CIS}}$ 和 $(x,y,z)_{\text{Mt}}$ 分别表示协议天球坐标系和瞬时平天球坐标系，则其关系为

$$\begin{bmatrix} x \\ y \\ z \end{bmatrix}_{\text{Mt}} = \Gamma \begin{bmatrix} x \\ y \\ z \end{bmatrix}_{\text{CIS}} \tag{2-3}$$

$$\Gamma = R_3(-z)R_2(\theta)R_3(-\zeta)$$

$$R_3(-z) = \begin{bmatrix} \cos z & -\sin z & 0 \\ \sin z & \cos z & 0 \\ 0 & 0 & 1 \end{bmatrix}$$

$$R_2(\theta) = \begin{bmatrix} \cos\theta & 0 & -\sin\theta \\ 0 & 1 & 0 \\ \sin\theta & 0 & \cos\theta \end{bmatrix}$$

$$R_3(-\zeta) = \begin{bmatrix} \cos\zeta & -\sin\zeta & 0 \\ \sin\zeta & \cos\zeta & 0 \\ 0 & 0 & 1 \end{bmatrix}$$

式中，z、θ、ζ 分别为与岁差有关的三个旋转角。

2）将瞬时平天球坐标系转换为瞬时天球坐标系

由于地球自转轴的章动现象，导致瞬时平天球坐标系与瞬时天球坐标系的坐标轴指向不同，因此，为了实现上述转换，还需将瞬时平天球坐标系进行旋转。如果以 $(x,y,z)_t$ 表示瞬时天球坐标，则其与瞬时平天球坐标系的转换关系为

$$\begin{bmatrix} x \\ y \\ z \end{bmatrix}_t = N \begin{bmatrix} x \\ y \\ z \end{bmatrix}_{\text{Mt}} \tag{2-4}$$

$$N = R_1(-\varepsilon - \Delta\varepsilon)R_3(-\Delta\psi)R_1(\varepsilon)$$

$$R_1(-\varepsilon - \Delta\varepsilon) = \begin{bmatrix} 1 & 0 & 0 \\ 0 & \cos(\varepsilon + \Delta\varepsilon) & -\sin(\varepsilon + \Delta\varepsilon) \\ 0 & \sin(\varepsilon + \Delta\varepsilon) & \cos(\varepsilon + \Delta\varepsilon) \end{bmatrix}$$

$$R_3(-\Delta\psi) = \begin{bmatrix} \cos(\Delta\psi) & -\sin(\Delta\psi) & 0 \\ \sin(\Delta\psi) & \cos(\Delta\psi) & 0 \\ 0 & 0 & 1 \end{bmatrix}$$

$$R_1(\varepsilon) = \begin{bmatrix} 1 & 0 & 0 \\ 0 & \cos(\varepsilon) & -\sin(\varepsilon) \\ 0 & \sin(\varepsilon) & \cos(\varepsilon) \end{bmatrix}$$

式中，ε、$\Delta\varepsilon$、$\Delta\psi$ 分别为黄赤交角、交角章动及黄经章动。

2.1.2 协议地球坐标系

1. 地球坐标系的定义

由于天球坐标系与地球自转无关，地球上的任一点在天球坐标系里的坐标将随地球自转而变化，这在实际中很不方便。因此，为了描述地面观测站的位置，有必要建立与地球体固联的地球坐标系（也称地固坐标系），该系统有两种表达形式，如图 2-4 所示，即空间直角坐标系和大地坐标系。

地心空间直角坐标系的定义为：原点 O 与地球质心重合，Z 轴指向地球北极，X 轴指向格林尼治平子午面与地球赤道的交点 E，Y 轴垂直于 XOZ 平面，构成右手坐标系。

地心大地坐标系的定义为：地球椭球的中心与地球质心重合，椭球短轴与地球自转轴重合，大地纬度 B 为过地面点的椭球法线与椭球赤道面的夹角，大地经度 L 为过地面点的椭球子午面与格林尼治平大地子午面之间的夹角，大地高 H 为地面点沿椭球法线至椭球面的距离。

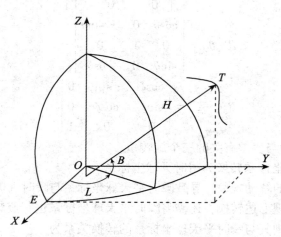

图 2-4 地球空间直角坐标系与大地坐标系

地面上任一点 T 在空间直角坐标系和大地坐标系中的坐标可分别表示为 (X, Y, Z) 和 (B, L, H)，两种坐标系的换算关系为

$$\begin{cases} X = (N + H)\cos B\cos L \\ Y = (N + H)\cos B\sin L \\ Z = [N(1 - e^2) + H]\sin B \end{cases} \tag{2-5}$$

式中，N 为椭球的卯酉圈曲率半径；e 为椭球的第一偏心率。若以 a、b 分别表示椭球长半径和短半径，则有

$$N = \frac{a}{\sqrt{1 - e^2\sin^2 B}}$$

$$e^2 = \frac{a^2 - b^2}{a^2}$$

由空间坐标系转换为大地坐标系时，常用下式：

$$\begin{cases} B = \arctan\left[\tan\varPhi\left(1 + \dfrac{ae^2}{Z}\dfrac{\sin B}{W}\right)\right] \\[2mm] L = \arctan\dfrac{Y}{X} \\[2mm] H = \dfrac{R\cos\varPhi}{\cos B} - N \end{cases}$$

（2-6）

式中，

$$\varPhi = \arctan\frac{Z}{\sqrt{X^2 + Y^2}}$$

$$R = \sqrt{X^2 + Y^2 + Z^2}$$

2. 地球极移

地极点作为地球坐标系的一个重要基准点，在地球上的位置应该是固定的，否则地球参考系的 Z 轴方向将有所改变，同时，地球赤道面和起始子午面的位置均将有所改变，从而引起地球上点的坐标变化。事实上，地球自转轴相对地球体的位置并不是固定的，而是相对于地球体本身存在变化，因此，地极点在地球表面上的位置是随时间而变化的，这种现象称为地极移动，简称极移。观测瞬间地球自转轴所处的位置称为瞬时地球自转轴，而相应的极点则称为瞬时极。

观测资料表明，地极点在地球表面位置随时间的运动主要包括两种周期性的变化，一种是周期约为 432 天、振幅约为 0.2″ 的张德勒周期变化；另一种是周期约为 1 年，振幅约为 0.1″ 的周年极移。

为了描述地极移动的规律，通常用两个方向的分量表示极移的大小，原点即为国际地球自转服务组织（IERS）规定的国际协议原点（CIO），该点是采用国际上 5 个纬度服务站、以 1900 年至 1905 年的平均纬度所确定的平均地极位置；x 轴指向格林尼治平均子午线；y 轴指向格林尼治零子午面以西 90° 的子午线方向，则任何历元的瞬时极可表示为 $p_n(x_p, y_p)$，如图 2-5 所示。

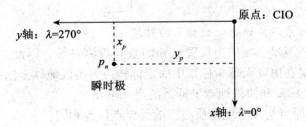

图 2-5 地极坐标系

地极的移动使地球坐标系的坐标轴指向发生变化，这将给实际工作造成许多困难。因此，在实际工作中，普遍采用 CIO 作为协议地极，与之相应的地球赤道面称为平赤道面或协议赤道面，以协议地极为基准点的地球坐标系称为协议地球坐标系（CTS），而与瞬时极相应的地球坐标系称为瞬时地球坐标系。图 2-6 给出了 2000—2009 年的极移图。

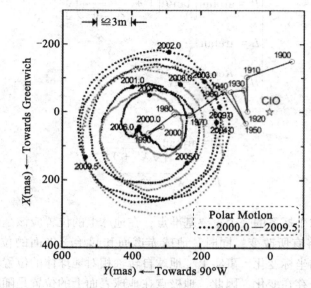

图 2-6 2000—2009 年的极移

瞬时地球坐标系相对协议地球坐标系的旋转主要是由极移现象引起的。如果以 $(X, Y, Z)_{CTS}$ 和 $(X, Y, Z)_t$ 分别表示协议地球空间直角坐标系和观测历元 t 的瞬时地球空间直角坐标，则有

$$\begin{bmatrix} X \\ Y \\ Z \end{bmatrix}_{CTS} = M \begin{bmatrix} X \\ Y \\ Z \end{bmatrix}_t \tag{2-7}$$

考虑到地极坐标为微小量，如果仅取至一次微小量，则式中极移旋转矩阵 M 可写为

$$M = R_2(-x_p)R_1(-y_p) = \begin{bmatrix} 1 & 0 & x_p \\ 0 & 1 & -y_p \\ -x_p & y_p & 1 \end{bmatrix}$$

3. 协议天球坐标系与协议地球坐标系的转换

在 GPS 测量中，卫星主要作为位置已知的空间观测目标，因此，为确定地面点的位置，需要将 GPS 卫星在协议天球坐标系中的坐标转换为协议地球坐标系中的坐标。

根据协议天球坐标系和协议地球坐标系的定义可知：

（1）两坐标系的原点均位于地球质心，故其原点位置相同；

（2）瞬时天球坐标系的 z 轴与瞬时地球坐标系的 Z 轴指向相同；

（3）两瞬时坐标系 x 轴与 X 轴的指向不同，其夹角为春分点的格林尼治恒星时。

如果以 GAST 表示春分点的格林尼治恒星时，则瞬时天球坐标系与瞬时地球坐标系之间的转换关系可表示为

$$\begin{bmatrix} X \\ Y \\ Z \end{bmatrix}_t = R_3(GAST) \begin{bmatrix} x \\ y \\ z \end{bmatrix}_t \tag{2-8}$$

$$R_3(\text{GAST}) = \begin{bmatrix} \cos(\text{GAST}) & \sin(\text{GAST}) & 0 \\ -\sin(\text{GAST}) & \cos(\text{GAST}) & 0 \\ 0 & 0 & 1 \end{bmatrix}$$

由式(2-7)，有

$$\begin{bmatrix} X \\ Y \\ Z \end{bmatrix}_{\text{CTS}} = MR_3(\text{GAST}) \begin{bmatrix} x \\ y \\ z \end{bmatrix}_t \tag{2-9}$$

于是，应用式(2-3)、式(2-4)，便可得到协议天球坐标系与协议地球坐标系之间的转换关系：

$$\begin{bmatrix} X \\ Y \\ Z \end{bmatrix}_{\text{CTS}} = MR_3(\text{GAST})N\varGamma \begin{bmatrix} x \\ y \\ z \end{bmatrix}_{\text{CIS}} \tag{2-10}$$

2.1.3　世界大地坐标系

为了实现全球测量标准的一致性，美国国防部制图局(DMA)在 20 世纪 60 年代曾建立 WGS-60，随后又提出了改进的 WGS-66 和 WGS-72。目前，全球定位系统使用的 WGS-84 是一个更为精确的全球大地坐标系统。定义 GPS 坐标系统，要比经典大地测量中定义参心地球坐标系的大地基准复杂得多，因为不仅涉及地球重力场模型、地极运动模型、地球引力常数、地球自转速度和光速等基本常数，同时还涉及卫星跟踪站的数量、分布及其在协议地球坐标系中的坐标等因素。尽管如此，GPS 大地测量基准仍可由一组确定 GPS 坐标系在地球内部位置和方向的参数表达，而这些参数是与上述基本常数和模型有关的导出量。

由于科学技术发展水平的限制，严格实现理想的协议坐标系目前尚比较困难。从这个意义上说，WGS 可视为协议地球坐标系的近似坐标系统，或称为准协议地球坐标系。随着基本常数、地球重力场模型、地极运动模型以及跟踪站坐标的不断改善，世界大地坐标系将逐步接近理想的协议地球坐标系。

WGS-84 坐标系的原点位于地球质心；Z 轴指向国际时间局定义的 BIH1984.0 协议地极 CTP 方向；X 轴指向 BIH1984.0 起始子午面与 CTP 赤道的交点；Y 轴和 Z 轴、X 轴构成右手坐标系。

WGS-84 坐标系采用的椭球称为 WGS-84 椭球，其常数为国际大地测量学与地球物理学联合会(IUGG)第 17 届大会的推荐值，4 个主要参数如下：

(1)长半径 $a = 6378137\text{m}$；

(2)地球(含大气层)引力常数 $GM = 3986005 \times 10^8 \text{m}^3/\text{s}^2$；

(3)正常二阶带谐系数 $C_{2,0} = -484.16685 \times 10^{-6}$；

(4)地球自转角速度 $\omega = 7292115 \times 10^{-11} \text{rad/s}$。

2.1.4　我国大地坐标系

前面所讨论的坐标系均是地心坐标系，地心坐标系所定义的椭球中心与地球质心重合，且椭球定位与全球大地水准面最为密合。而在经典大地测量中，各国为了处理观测成果和传算地面控制网的坐标，通常需选取一个参考椭球面作为基本参考面，选一个参考点作为大地测量的起算点，也称为大地原点，然后利用大地原点的天文观测量来确定参考椭球相对地球内部的位置和方向，由此确定的参考椭球只需与局部区域的大地水准面最为密合，因此椭球中心一般不会与地球质心重合，这种非地心的局部坐标系称为参心坐标系。我国目前常用的国家坐标系，如 1954 年北京坐标系和 1980 年国家大地坐标系，均是参心坐标系。

1. 1954 年北京坐标系

中华人民共和国成立初期，由于经济建设和国防建设的迫切需要，大地测量和测图工作全面展开，急需建立一个大地坐标系。鉴于当时的历史条件，暂时采用了克拉索夫斯基椭球参数，并与苏联 1942 年坐标系进行联测，通过计算，建立了我国大地坐标系，定名为 1954 年北京坐标系。因此，1954 年北京坐标系可认为是苏联 1942 年坐标系的延伸，其原点位于苏联的普尔科沃，属参心坐标系。

1954 年北京坐标系建立以来，我国根据这个坐标系统建成了全国天文大地网，完成了大量测绘任务。但随着科学技术的发展，这个坐标系统越来越不适应现代国防及经济建设的需要，主要体现在：

（1）椭球参数有较大误差。克拉索夫斯基椭球参数与现代精确的椭球参数相比，长半轴约长 109m。

（2）参考椭球面与我国大地水准面存在着自西向东的明显系统性倾斜，在东部地区，大地水准面差距最大达到+68m，这使得大比例尺地图反映地面的精度受到影响，同时也对观测元素的归算提出了严格要求。

（3）几何大地测量和物理大地测量应用的参考面不统一。

（4）坐标轴定向不明确。

另外，鉴于该坐标系是按局部平差逐步提供大地点成果的，因而不可避免地出现一些矛盾和不够合理的地方。

2. 1980 年国家大地坐标系

为了适应大地测量发展的需要，我国于 1978 年决定建立新的坐标系，称为 1980 年国家大地坐标系（也称为 1980 西安坐标系）。新的大地原点设在我国中部的陕西省泾阳县永乐镇，采用国际大地测量和地球物理联合会 1975 年推荐的椭球参数，按以下椭球定位和定向的条件进行多点定位：

（1）椭球短轴平行于地球质心指向地极原点 $JYD_{1968.0}$ 的方向。

（2）起始大地子午面平行于我国起始天文子午面。

（3）椭球面与大地水准面在我国境内最佳密合。

1980 年国家大地坐标系建立后，实施了全国天文大地网的整体平差。相对于 1954 年北京坐标系而言，1980 年国家大地坐标系的内符合性要好得多。

3. 2000 国家大地坐标系

我国 1954 年北京坐标系和 1980 西安坐标系均为参心坐标系，其原点、坐标轴的方向等限于当时科技水平，均与采用现代科技手段测定的结果存在差异，其原点与地球质心有较大偏差，坐标系下的大地控制点的相对精度仅为 10^{-6}，这导致了先进的对地观测技术所获取的测绘成果在使用时的精度损失，无法全面满足当今气象、地震、水利、交通等部门对高精度测绘地理信息服务的要求；而且现行参心大地坐标系给实际应用带来很多问题，主要体现在两个国家大地坐标系之间的转换造成测绘成果的精度损失，不同坐标系下相邻地形图的拼接误差较大。因此，上述参心大地坐标系已不适应我国经济发展的需要。

我国自 2008 年 7 月 1 日起，启用 2000 国家大地坐标系。2000 国家大地坐标系的原点为包括海洋和大气的整个地球的质量中心。2000 国家大地坐标系的 Z 轴由原点指向历元 2000.0 的地球参考极的方向，该历元的指向由国际时间局给定的历元 1984.0 作为初始指向来推算，定向的时间演化保证相对于地壳不产生残余的全球旋转；X 轴由原点指向格林尼治参考子午线与地球赤道面(历元 2000.0)的交点；Y 轴与 Z 轴、X 轴构成右手正交坐标系。2000 国家大地坐标系采用的地球椭球参数数值为：

长半轴 $a = 6378137\text{m}$；
扁率 $f = 1/298.257222101$；
地心引力常数 $GM = 3.986004418 \times 10^{14} \text{m}^3/\text{s}^2$；
自转角速度 $\omega = 7.292115 \times 10^{-5} \text{rad/s}$。

2000 国家大地坐标系是地心坐标系，可以大幅度提高测量精度，大地控制点的相对精度为 $10^{-7} \sim 10^{-8}$，相对参心坐标系，精度提高 10 倍左右，并且可以快速获取精确的三维地心坐标。

2.1.5　国际地球参考框架

协议天球坐标系和协议地球坐标系又称为国际天球参考系(ICRS)和国际地球参考系(ITRS)。国际天球参考系的实现方式是国际天球参考框架(ICRF)，它由空间均匀分布的 608 个河外射电源的甚长基线干涉测量(VLBI)坐标组成。国际地球参考系的实现方式是国际地球参考框架(ITRF)，它是通过一组固定于地球表面、且只作线性运动的大地点的坐标或坐标变化速率组成，这些测站装备有不同的空间大地测量系统，并由 IERS 中心局的地球参考框架部负责建立和维护。

定义一个空间直角坐标系必须明确规定坐标原点的位置、坐标轴的指向、长度单位。框架原点、定向、尺度均隐含在 IERS 所确定的基本站的直角坐标与速度场中。框架原点位于地球质量中心，其中心误差小于 10cm，Z 轴为北天极，尺度为国际单位 m，需通过具有高精度且满足下列条件的站点来实现 ITRF 网的建立：连续观测至少 3 年；远离板块边缘及变形区域；速度精度优于 3mm/a；至少 3 个不同解的速度残差小于 3mm/a。

目前的 ITRF 已有 ITRF 88、ITRF 89、ITRF 90、ITRF 91、ITRF 92、ITRF 93、ITRF 94、ITRF 96、ITRF 97、ITRF 2000、ITRF 2005、ITRF 2008。ITRF 地球参考框架序列是国际上公认的精度最高、稳定性最好的参考框架，ITRF 是利用全球测站观测资料成果推算得到的四维地心坐标参考框架，除了空间直角坐标形式的坐标外，还给出了台站的漂移速度，其坐标精度为毫米级至厘米级。ITRF 采用 VLBI、卫星激光测距(SLR)、激光测月(LLR)、GPS 和卫星多普勒定轨定位(DORIS)等多种空间观测技术，综合多个数据分析中心的解算结果构制地球参考框架，由一系列测站相对于某一参考历元的坐标和位移速度构成了国际地球参考框架。

2.1.6　坐标系统转换

由于 GPS 定位所用的 WGS-84 坐标系属于地心坐标系，而工程测量中通常采用参心坐标系，如 1954 年北京坐标系、1980 年国家大地坐标系，它们的原点位置与坐标轴指向都不相同。因此，确定地区性坐标系与全球坐标系的大地测量基准之差，并进行两坐标系之间的转换，是 GPS 测量应用中经常遇到的一个重要问题。

1. 空间直角坐标系之间的转换

由于两坐标系原点位置和坐标轴指向均不同，同时两坐标系尺度不尽一致，因此存在 3 个平移参数、3 个旋转参数和 1 个尺度变化参数。若以 $(X\ Y\ Z)_{\mathrm{T}}^{\mathrm{T}}$ 表示参心空间直角坐标向量，以 $(X\ Y\ Z)_{\mathrm{CTS}}^{\mathrm{T}}$ 表示地心空间直角坐标向量，以 $(\Delta X_0\ \Delta Y_0\ \Delta Z_0)^{\mathrm{T}}$ 表示平移参数向量，以 $(\varepsilon_X\ \varepsilon_Y\ \varepsilon_Z)^{\mathrm{T}}$ 表示旋转参数向量，以 m 表示尺度变化参数，则有坐标转换公式

$$\begin{bmatrix} X \\ Y \\ Z \end{bmatrix}_{\mathrm{CTS}} = \begin{bmatrix} \Delta X_0 \\ \Delta Y_0 \\ \Delta Z_0 \end{bmatrix} + (1+m) \begin{bmatrix} 1 & \varepsilon_Z & -\varepsilon_Y \\ -\varepsilon_Z & 1 & \varepsilon_X \\ \varepsilon_Y & -\varepsilon_X & 1 \end{bmatrix} \begin{bmatrix} X \\ Y \\ Z \end{bmatrix}^{\mathrm{T}} \tag{2-11}$$

上式含有 7 个转换参数，要在两个空间直角坐标系之间进行转换，需要知道 3 个平移参数、3 个旋转参数以及 1 个尺度变化参数。为求得 7 个转换参数，至少需要 3 个公共点，当多于 3 个公共点时，可按最小二乘法求得 7 个参数的最或然值。

由于公共点的坐标存在误差，求得的转换参数将受其影响，公共点坐标误差对转换参数的影响与点位的几何分布及点数的多少有关，因而，为了求得较好的转换参数，应选择一定数量的精度较高且分布较均匀并有较大覆盖面的公共点。

2. 大地坐标系之间的转换

对于不同大地坐标系的换算，除了包含 3 个平移参数、3 个旋转参数和 1 个尺度变化参数外，还包括 2 个地球椭球元素变化参数，该公式通常称为广义大地坐标微分公式或广义变换椭球微分公式：

$$\begin{bmatrix} \mathrm{d}L \\ \mathrm{d}B \\ \mathrm{d}H \end{bmatrix} = \begin{bmatrix} -\dfrac{\sin L}{(N+H)\cos B}\rho'' & \dfrac{\cos L}{(N+H)\cos B}\rho'' & 0 \\ -\dfrac{\sin B\cos L}{M+H}\rho'' & -\dfrac{\sin B\sin L}{M+H}\rho'' & \dfrac{\cos B}{M+H}\rho'' \\ \cos B\cos L & \cos B\sin L & \sin B \end{bmatrix} \begin{bmatrix} \Delta X_0 \\ \Delta Y_0 \\ \Delta Z_0 \end{bmatrix} +$$

$$\begin{bmatrix} \tan B\cos L & \tan B\sin L & -1 \\ -\sin L & \cos L & 0 \\ -\dfrac{Ne^2\sin B\cos B\sin L}{\rho''} & \dfrac{Ne^2\sin B\cos B\cos L}{\rho''} & 0 \end{bmatrix} \begin{bmatrix} \varepsilon_X \\ \varepsilon_Y \\ \varepsilon_Z \end{bmatrix} +$$

$$\tag{2-12}$$

$$\begin{bmatrix} 0 \\ -\dfrac{N}{(M+N)}e^2\sin B\cos B\rho'' \\ N(1-e^2\sin^2 B)+H \end{bmatrix} m +$$

$$\begin{bmatrix} 0 & 0 \\ \dfrac{N}{(M+H)a}e^2\sin B\cos B\rho'' & \dfrac{M(2-e^2\sin^2 B)}{(M+H)(1-\alpha)}\sin B\cos B\rho'' \\ -\dfrac{N}{a}(1-e^2\sin^2 B) & \dfrac{M}{1-\alpha}(1-e^2\sin^2 B)\sin^2 B \end{bmatrix} \begin{bmatrix} \Delta a \\ \Delta\alpha \end{bmatrix}$$

3. 平面直角坐标系之间的转换

对于两个不同平面直角坐标系 $O\text{-}xy$ 和 $O'\text{-}x'y'$ 的转换，需要 4 个转换参数，其中，2 个平移参数 Δx_0、Δy_0，1 个旋转参数 α 和 1 个尺度变化参数 m。转换公式如下：

$$\begin{bmatrix} x \\ y \end{bmatrix} = \begin{bmatrix} \Delta x_0 \\ \Delta y_0 \end{bmatrix} + m \begin{bmatrix} \cos\alpha & -\sin\alpha \\ \sin\alpha & \cos\alpha \end{bmatrix} \begin{bmatrix} x' \\ y' \end{bmatrix} \tag{2-13}$$

根据公共点在两个坐标系下的坐标，求得 4 个转换参数，至少需要 2 个公共点的坐标，然后根据最小二乘原理求得转换参数。

2.2　时　间　系　统

2.2.1　基本概念

在现代大地测量中，为了研究诸如地壳升降和地球板块运动等地球动力学现象，时间也和描述观测点的空间坐标一样，成为研究点位运动过程和规律的一个重要分量，从而形成空间与时间参考系中的四维大地测量学。

在 GPS 测量中，时间对点位的精度具有决定性的作用。首先，作为动态已知点的 GPS 卫星，其位置是不断变化的，在星历中，除了要给出卫星的空间位置参数以外，还要给出相应的时间参数。其次，GPS 测量是通过接收和处理 GPS 卫星发射的电磁波信号来确定站星距离，进而求得测站坐标的，要精确测定站星距离，就必须精确测定信号传播时间。再次，由于地球自转的缘故，地面点在天球坐标系中的位置是不断变化的，为了根据 GPS 卫星位置确定地面点位置，就必须进行天球坐标系与地球坐标系的转换，为此，也必须精确测定时间。所以，在建立 GPS 定位系统的同时，就必须建立相应的时间系统。

时间包含有时刻和时间间隔两个概念。时刻即发生某一现象的瞬间。在天文学和卫星定位中，与所获数据对应的时刻也称为历元。时间间隔是指发生某一现象所经历的过程，是这一过程始末的时刻之差。

测量时间，首先必须建立一个测量的基准，即时间的单位(尺度)和原点(起始历元)。其中，时间的尺度是关键，而原点则可以根据实际应用加以选定。一般，选择一个可观察的周期运动现象作为确定时间的基准，要求这一运动是连续的、周期性的；运动的周期应具有充分的稳定性；运动的周期还必须具有复现性，即要求在任何地方和时间都可以通过观测和实验复现这种周期性运动。

在实践中，由于所选取的周期运动现象不同，便产生了不同的时间系统。

2.2.2　世界时系统

世界时系统是以地球自转为基准的一种时间系统。由于观察地球自转运动所选的空间参考点不同，世界时系统又包括恒星时、平太阳时和世界时。

1. 恒星时(Sidereal Time，ST)

以春分点为参考点，由春分点的周日视运动确定的时间称为恒星时。春分点连续两次经过本地子午圈的时间间隔为一个恒星日，含 24 个恒星小时。恒星时在数值上等于春分点相对于本地子午圈的时角。因为恒星时是以春分点通过本地子午圈时为原点计算的，同一瞬间对不同测站的恒星时各异，所以恒星时具有地方性，有时也称为地方恒星时。

在岁差和章动的影响下，地球自转轴在空间的指向是变化的，因此春分点在天球上的位置并不固定，所以，对于同一历元，根据坐标系的定义，有真北天极和平北天极之分，相应的，也有真春分点和平春分点之分，因此，恒星时也有真恒星时和平恒星时之分。

2. 平太阳时(Mean Solar Time, MT)

因地球绕太阳公转的轨道为一椭圆，所以太阳视运动的速度是不均匀的。以真太阳周年视运动的平均速度确定一个假想的太阳，且其在天球赤道上做周年视运动，称为平太阳。以平太阳连续两次经过本地子午圈的时间间隔为一个平太阳日，含 24 个平太阳小时。与恒星时一样，平太阳时也具有地方性，故常称为地方平太阳时或地方平时。

3. 世界时(Universal Time, UT)

以平子夜零时起算的格林尼治平太阳时，称为世界时。如以 GAMT 表示平太阳相对于格林尼治子午圈的时角，则世界时 UT 与平太阳时之间的关系为

$$UT = GAMT + 12(h) \tag{2-14}$$

世界时与平太阳时的尺度基准相同，其差别仅在于起算时刻不同。

世界时系统是建立在地球自转运动基础上的，由于极移的影响，并且地球自转速度也不均匀，除包含有长周期的减缓趋势，而且还含有短周期的变化和季节性变化，因此，世界时是不均匀的。从 1956 年开始，世界时中加入了极移改正和地球自转速度的季节性改正，改正后的世界时分别用 UT1 和 UT2 表示，未经改正的世界时用 UT0 表示，其关系为

$$\left. \begin{aligned} UT1 &= UT0 + \Delta\lambda \\ UT2 &= UT1 + \Delta TS \end{aligned} \right\} \tag{2-15}$$

式中，$\Delta\lambda$ 为极移改正，ΔTS 为地球自转速度的季节性变化改正。

世界时 UT2 虽经过以上两项改正，但仍含有地球自转速度逐年减缓和不规则变化的影响，所以世界时 UT2 仍是一个不均匀的时间系统。

2.2.3 原子时

随着科技的发展，人们对时间稳定度的要求不断提高，以地球自转为基础的世界时系统已不能满足要求。为此，从 20 世纪 50 年代起，便建立了以物质内部原子运动的特征为基础的原子时系统。

原子时秒长定义为：位于海平面上的铯[133]原子基态两个超精细能级在零磁场中跃迁辐射振荡 9192631770 周所持续的时间，为一原子时秒。该原子时秒作为国际制秒(SI)的时间单位。这一定义严格确定了原子时的时间尺度，而原子时的起点由下式定义：

$$AT = UT2 - 0.0039s \tag{2-16}$$

原子时出现后，得到迅速发展和广泛应用，为消除不同地方原子时的差异，国际上用约 100 台原子钟推算统一的原子时系统，称为国际原子时系统(International Atomic Time, IAT)。

在卫星测量学中，原子时作为高精度的时间基准，普遍用于精密测定卫星信号的传播时间。

2.2.4 力学时

在天文学中，天体的星历是以天体动力学理论为基础而编算的，其中所采用的独立变

量是时间参数 T，这个数学变量便定义为力学时(Dynamic Time，DT)，力学时是均匀的。

对于运动方程，根据所对应的参考点不同，力学时可分为两种：

(1)太阳系质心力学时(TDB)：相对于太阳系质心的运动方程所采用的时间参数。

(2)地球质心力学时(TDT)：相对于地球质心的运动方程所采用的时间参数。

在 GPS 定位中，地球质心力学时作为一种严格均匀的时间尺度和独立变量，被用于描述卫星的运动。

地球质心力学时的基本单位是国际制秒，与原子时的尺度一致。国际天文学联合会(IAU)决定，于 1977 年 1 月 1 日原子时 0 时与地球质心力学时的严格关系为

$$TDT = IAT + 32.184(s) \tag{2-17}$$

2.2.5　协调世界时

当前许多应用，如大地天文测量、天文导航和空间飞行器的跟踪定位等，仍需使用世界时，但由于地球自转速度长期变慢的趋势，世界时每年比原子时约慢 1s，两者之差逐年累积。为了避免发播的原子时与世界时之间产生过大偏差，从 1972 年起，采用了以原子时秒长为基础，在时刻上尽量接近于世界时的一种折中的时间系统，称为协调世界时(Universal Time Coordinated，UTC)。

协调世界时秒长严格等于原子时秒长，采用闰秒(或跳秒)的办法使协调世界时与世界时的时刻相接近。当两者之差超过±0.9s 时，在协调世界时中引入一闰秒(正或负)。闰秒一般在 12 月 31 日或 6 月 30 日末加入，具体由国际地球自转服务组织(IERS)确定，并事先公布。

协调时与国际原子时之间的关系可由下式定义：

$$TAI = UTC + 1s \times n \tag{2-18}$$

式中，n 为调整参数，由 IERS 发布。

为了让使用世界时的用户得到精度较高的 UTl 时刻，时间服务部门在播发协调世界时 UTC 的同时，给出 UTl 与 UTC 的差值，这样，用户便可容易地由 UTC 得到相应的 UTl。

目前，几乎所有国家时的播发都以 UTC 为基准，同步精度约为±0.2ms。考虑到电离层折射的影响，在一个台站上接收世界各国的时号，其互差将不会超过±1ms。

2.2.6　GPS 时间系统

为了满足精密导航和测量的需要，GPS 建立了专用的时间系统，即 GPS 时间系统(GPST)，由 GPS 主控站的原子钟控制。GPS 时属原子时系统，其秒长与原子时相同，但与国际原子时具有不同的原点，所以，GPST 与 IAT 在任一瞬间均有一常量偏差，其关系为

$$IAT - GPST = 19(s) \tag{2-19}$$

GPS 时与协调世界时的时刻规定于 1980 年 1 月 6 日零时相一致，其后随着时间的累积，两者之差将表现为秒的整倍数。由式(2-18)和式(2-19)，GPS 时与协调世界时的关系为

$$GPST = UTC + 1s \times n - 19(s) \tag{2-20}$$

在 GPS 定位中应用的几种时间系统及其间的差别如图 2-7 所示。

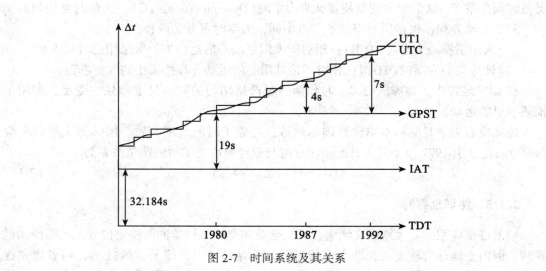

图 2-7　时间系统及其关系

习题和思考题

1. 名词解释：天球、黄道、黄赤交角、春分点、岁差、章动、极移、恒星时、世界时、原子时、力学时、协调世界时、GPS 时。

2. 协议天球坐标系和协议地球坐标系分别如何定义的？如何将协议天球坐标系转换为协议地球坐标系？

3. 我国常用的大地坐标系有哪些？与 GPS 采用的坐标系如何进行转换？

4. 简述各时间系统间的关系。

第 3 章　卫星运动和卫星信号

☞ **教学目标**

　　在 GPS 定位中，通常将 GPS 卫星作为位置已知的高空观测目标，卫星在空间的运动受多种作用力的影响，其轨道误差将直接影响测站定位精度。通过学习本章，掌握卫星的无摄运动和受摄运动，理解 GPS 卫星在轨坐标的计算，了解 GPS 卫星星历；对于 GPS 卫星的信号构成，也应有一定程度的了解。

　　GPS 卫星运行的轨道误差将对定位精度产生不可忽视的影响。卫星的运行轨道取决于所受到的各种作用力的影响，需要在无摄运动和受摄运动的基础上研究卫星坐标的计算。描述有关卫星运行轨道的信息，称为卫星的星历。利用 GPS 进行定位，就是根据已知的卫星轨道信息和用户接收到的卫星信号，经数据处理得到精密的测量坐标的。

3.1　卫星的无摄运动

　　GPS 卫星的运动状态取决于它所受到的各种作用力，这些作用力主要有地球对卫星的引力，太阳、月亮和其他天体对地球的引力，大气阻力，太阳光压及地球潮汐力等。在这些作用力中，地球引力是最主要的。如果将地球引力视为 1，则其他作用力均小于 10^{-5}。在多种力的作用下，卫星在空间运行的轨迹极其复杂，难以用简单又精确的数学模型来表达。为探讨卫星运动的基本规律，将卫星受到的作用力分为两类：第一类是地球质心引力，即把地球看做由无限多密度均匀的同心球层构成的圆球体，它对球外一点的引力等效于质量集中于球心的质点所产生的引力，这种引力称为中心引力；第二类是非中心引力，实际上，地球形状为两极略扁的近似椭球体，这种非球形对称的地球引力场会对卫星产生非中心的引力，加上前述的日、月引力，大气阻力，太阳光压及地球潮汐力等，合称摄动力，也称非中心引力。

　　在天体力学中，忽略所有的摄动力影响，仅考虑地球质心引力研究卫星相对于地球的运动，称为二体问题，可得到无摄轨道。而在摄动力的作用下，卫星的运动会偏离无摄轨道，通常将考虑了摄动力作用的卫星运动称为卫星的受摄运动。显然，二体问题下的卫星运动能得到严密分析解，可在此基础上加上相对微小的摄动力影响来推求卫星受摄运动的轨道。

3.1.1　卫星运动的开普勒定律

　　德国天文学家开普勒通过对前人获得的天体观测数据进行分析，总结出行星绕太阳运动的基本规律，称为开普勒三大定律，它同样适合用来描述卫星绕地球运动的基本规律。

1. 开普勒第一定律

卫星运动的轨道为一椭圆，而该椭圆的一个焦点与地球的质心重合。此定律阐明了卫星运行轨道的基本形态及其与地心的关系。在地球中心引力场中，卫星运行的轨道面是一个通过地球质心的静止平面。如图 3-1 所示，轨道椭圆称为开普勒椭圆，卫星离地球质心最远一点称为远地点，而离地心最近的一点称为近地点，它们在惯性空间的位置是固定不变的。

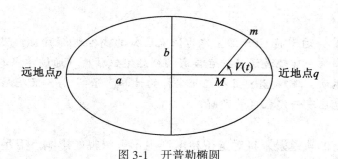

图 3-1 开普勒椭圆

由万有引力定律可知，卫星绕地球质心运动的轨道方程为

$$r = \frac{a(1 - e^2)}{1 + e\cos V(t)} \tag{3-1}$$

式中，r 为卫星的地心距离；a 为开普勒椭圆的长半径；e 为开普勒椭圆的偏心率；$V(t)$ 为真近点角，它描述了任意时刻卫星在轨道上相对近地点的位置，是时间的函数。

2. 开普勒第二定律

卫星的地心向径，即地球质心与卫星质心间的距离向量，在相同的时间内扫过的面积相等(图 3-2)。在轨道上运行的卫星同时具有势能和动能，其中，势能的大小取决于卫星在地球引力场中的位置，动能是卫星运动速度的函数。根据能量守恒定理，卫星在运行过程中动能和势能之和保持不变，即

$$\frac{1}{2}mv^2 - \frac{GMm}{r} = 常量 \tag{3-2}$$

式中，m 和 v 分别为卫星的质量和速度；M 为地球质量；G 为地球引力常数。可见，开普勒第二定律包含的内容是：卫星在椭圆形轨道上的运行速度是不断变化的，在近地点处速度最大，在远地点时速度最小。

3. 开普勒第三定律

卫星运行周期的平方，与轨道椭圆长半径的立方之比为一常量，该常量等于地球引力常数 G 与地球质量 M 乘积的倒数。开普勒第三定律可表示为

$$\frac{T^2}{a^3} = \frac{4\pi^2}{GM} \tag{3-3}$$

式中，T 表示卫星运行周期，即卫星绕地球运行一周的时间。

如果假设卫星运行的平均角速度为 n，则有

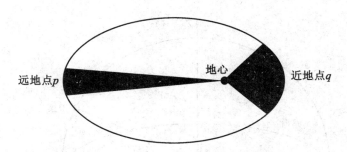

图 3-2　卫星地心向径在相同时间扫过的面积示意图

$$n = \frac{2\pi}{T} \ (\text{rad}/\text{s}) \tag{3-4}$$

将式(3-4)代入式(3-3)可得

$$n = \sqrt{\frac{GM}{a^3}} \tag{3-5}$$

由此可知，卫星轨道长半径确定以后，卫星运行的平均角速度也随之成为一个常数，这对卫星位置的计算具有重要意义。

3.1.2　无摄运动的轨道参数

仅有地球质心引力作用的卫星运动称为无摄运动，如开普勒定律所述，其运动轨道是通过地心平面上的一个椭圆，且椭圆的一个焦点与地心重合。确定椭圆的形状和大小至少需要两个参数，即椭圆的长半径 a 及其偏心率 e（或椭圆的短半径 b）。另外，为确定任意时刻卫星在轨道上的位置，需要一个参数，一般取真近点角 $V(t)$。

参数 a、e 和 $V(t)$ 唯一地确定了卫星轨道的形状、大小以及卫星在轨道上的瞬时位置，但这时卫星轨道平面与地球体的相对位置和方向还无法确定。确定卫星轨道与地球体之间的相互关系，可以表达为确定开普勒椭圆在天球坐标系中的位置和方向。因为根据开普勒第一定律，轨道椭圆的一个焦点与地球质心相重合，故为了确定该椭圆在上述坐标系中的方向，尚需 3 个参数。卫星的无摄运动一般可由一组适宜的参数来描述，但是，这组参数的选择不是唯一的，其中一组应用最广的参数 $(a、e、\Omega、i、\omega、V(t))$，称为开普勒轨道参数或开普勒轨道根数，这组参数的定义如下（图 3-3）：

a 为轨道椭圆的长半径；

e 为轨道椭圆的偏心率；

Ω 为升交点赤经，即在地球赤道平面上升交点与春分点之间的地心夹角，它是卫星由南向北运行时，其轨道通过赤道面的交点；

i 为轨道倾角，即卫星轨道平面与地球赤道面之间的夹角；

ω 为近地点角距，即在轨道平面上升交点与近地点之间的地心夹角；

$V(t)$ 为卫星的真近点角，即在轨道平面上卫星与近地点之间的地心角距。

其中，参数 a 和 e 确定了开普勒椭圆的形状和大小；参数 Ω 和 i 唯一地确定了卫星轨道平面与地球体之间的相对定向；参数 ω 表达了开普勒椭圆在轨道平面上的定向；参数 V

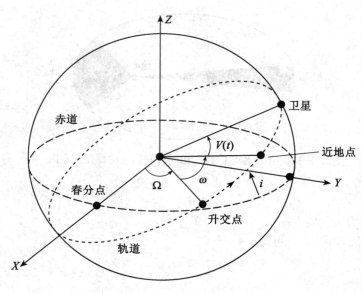

图 3-3　开普勒轨道参数

为时间函数，它确定了卫星在轨道上的瞬时位置。通过这 6 个参数，就可以唯一地确定出卫星相对地球体的瞬时空间位置及速度。

3.1.3　真近点角的计算

如前所述，真近点角是轨道平面上卫星与近地点之间的地心角距，可用 $V(t)$ 表示，是时间的函数，它随着时间的推移而不断变化，因此确定它与时间的函数关系，就成为计算卫星位置的关键所在。为方便计算，引入两个辅助参数——平近点角 $M(t)$ 和偏近点角 $E(t)$。

1. 平近点角 $M(t)$

平近点角 $M(t)$ 是一个假设量，若卫星在轨道上运动的平均速度为 n，则平近点角定义为

$$M(t) = n(t - t_0) \tag{3-6}$$

式中，t_0 为卫星过近地点的时刻；t 为观测卫星的时刻。

由式(3-6)可知，平近点角仅为卫星平均速度与时间的线性函数。对于任一确定的卫星而言，其平均速度是个常数(式(3-5))。因此，卫星于任意时刻 t 的平近点角便可由式(3-6)唯一地确定。

2. 偏近点角 $E(t)$

如图 3-4 所示，过卫星中心 m，作一条直线垂直于轨道椭圆长轴，交椭圆长轴于 m' 点，直线的另一端与以椭圆中心 O 为圆心、以椭圆长半轴为半径的大圆相交于 m'' 点，则椭圆长半轴 Oq 与 Om'' 的夹角即为偏近点角 $E(t)$。

平近点角 $M(t)$ 与偏近点角 $E(t)$ 有如下关系：

$$E(t) = M(t) + e\sin E(t) \tag{3-7}$$

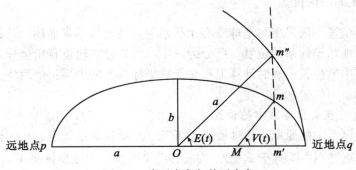

图 3-4　真近点角与偏近点角

式(3-7)称为开普勒方程，是计算卫星位置的重要依据。开普勒方程很适合通过计算机采用迭代法进行计算。先取 $E_0(t) = M(t)$, 然后依次取

$$E_1(t) = M(t) + e\sin E_0(t)$$

$$E_2(t) = M(t) + e\sin E_1(t)$$

$$\cdots\cdots$$

$$E_n(t) = M(t) + e\sin E_{n-1}(t)$$

直到 $E_n(t) - E_{n-1}(t)$ 小于某个设定的微小量为止。对于 GPS 卫星而言，由于 e 很小，故计算收敛较快。也可采用微分迭代法更进一步加快迭代速度，此处不再详述。由此可以得到偏近点角 $E(t)$。

前已述及，引入 $M(t)$、$E(t)$ 的目的在于计算真近点角 $V(t)$，由图 3-4 可知，偏近点角 $E(t)$ 与真近点角 $V(t)$ 的关系如下：

$$a\cos E(t) = r\cos V(t) + ae \tag{3-8}$$

即

$$\cos V(t) = \frac{a}{r}(\cos E(t) - e) \tag{3-9}$$

将式(3-9)代入开普勒椭圆方程式(3-1)，可得

$$r = a(1 - e\cos E(t)) \tag{3-10}$$

由式(3-1)和式(3-9)，有

$$\left.\begin{array}{l} \cos V(t) = \dfrac{\cos E(t) - e}{1 - e\cos E(t)} \\[3mm] \sin V(t) = \dfrac{\sqrt{1 - e^2}\,\sin E(t)}{1 - e\cos E(t)} \end{array}\right\} \tag{3-11}$$

该式可进一步简化为

$$\tan\frac{V(t)}{2} = \sqrt{\frac{1 + e^2}{1 - e^2}}\tan\frac{E(t)}{2} \tag{3-12}$$

因此，要计算真近点角 $V(t)$，可先按式(3-6)求得卫星的平近点角 $M(t)$，再由式(3-7)迭代确定偏近点角 $E(t)$，最后再根据式(3-11)或式(3-12)确定真近点角 $V(t)$。

3.1.4 卫星的瞬时位置

卫星的瞬时位置一般采用与地球质心相联系的直角坐标系来描述。计算卫星在任意观测历元下相对于地球坐标系的位置，可分为三步：首先建立轨道直角坐标系，计算卫星在轨道直角坐标系中的位置；然后计算卫星在天球坐标系下的坐标；最后将卫星的天球坐标转换为地球坐标系下的坐标。

1. 卫星在轨道直角坐标系中的位置

若取直角坐标系中的原点与地球质心 M 重合，φ_s 轴指向近地点 q，κ_s 轴垂直于轨道平面向上，ψ_s 轴在轨道面内垂直于 φ_s 轴，构成右手坐标系。在该坐标系中，卫星 m_s 的坐标为 $(\varphi_s, \psi_s, \kappa_s)$，由图 3-5 易知：

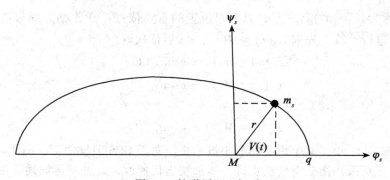

图 3-5 轨道平面坐标系

$$\begin{bmatrix} \varphi_s \\ \psi_s \\ \kappa_s \end{bmatrix} = r \begin{bmatrix} \cos V(t) \\ \sin V(t) \\ 0 \end{bmatrix} \tag{3-13}$$

由式 (3-10) 和式 (3-11)，可得

$$\begin{bmatrix} \varphi_s \\ \psi_s \\ \kappa_s \end{bmatrix} = a \begin{bmatrix} \cos E(t) - e \\ \sqrt{1 - e^2} \sin E(t) \\ 0 \end{bmatrix} \tag{3-14}$$

2. 卫星在天球坐标系中的位置

显然，式(3-13)或式(3-14)仅确定了卫星在轨道平面的位置，而卫星轨道平面相对于地球体的位置尚需轨道参数 Ω、i 和 ω 来确定。为了表示卫星在天球坐标系中的瞬时位置，需要建立天球空间直角坐标系 (x, y, z) 与轨道参数之间的数学关系式，这一关系可通过建立轨道直角坐标系与天球空间直角坐标系之间的关系来确定。根据定义可知，天球坐标系 (x, y, z) 与轨道坐标系 $(\varphi_s, \psi_s, \kappa_s)$ 具有相同的原点，其差别在于坐标轴的指向不同。为了使两个坐标系的定向相一致，按照坐标系转换的有关理论，需要将坐标轴依次做如下转换：

(1) 轨道直角坐标系 M-$\varphi_s\psi_s\kappa_s$ 绕 κ_s 轴旋转角度 ω，使得 φ_s 轴指向升交点；

(2) 旋转后，再绕 φ_s 轴旋转角度 i，使得 κ_s 轴与天球坐标系 z 轴重合；

（3）然后再绕 κ_s 轴旋转角度 Ω，使得 φ_s 轴与天球坐标系 x 轴重合。

这一过程可用旋转矩阵来表示：

$$\begin{bmatrix} x \\ y \\ z \end{bmatrix} = R_3(-\Omega) R_1(-i) R_3(-\omega) \begin{bmatrix} \varphi_s \\ \psi_s \\ \kappa_s \end{bmatrix} \tag{3-15}$$

式中，

$$R_3(-\Omega) = \begin{bmatrix} \cos\Omega & -\sin\Omega & 0 \\ \sin\Omega & \cos\Omega & 0 \\ 0 & 0 & 1 \end{bmatrix}$$

$$R_1(-i) = \begin{bmatrix} 1 & 0 & 0 \\ 0 & \cos i & -\sin i \\ 0 & \sin i & \cos i \end{bmatrix}$$

$$R_3(-\omega) = \begin{bmatrix} \cos\omega & -\sin\omega & 0 \\ \sin\omega & \cos\omega & 0 \\ 0 & 0 & 1 \end{bmatrix}$$

设 $R = R_3(-\Omega) R_1(-i) R_3(-\omega)$，则

$$\begin{bmatrix} x \\ y \\ z \end{bmatrix} = R \begin{bmatrix} a(\cos E(t) - e) \\ a\sqrt{1-e^2}\sin E(t) \\ 0 \end{bmatrix} \tag{3-16}$$

这样就可以确定卫星任意观测历元下在天球坐标系中的坐标。

3. 卫星在地球坐标系中的位置

利用 GPS 卫星进行定位，一般应使观测的卫星和观测站位置处于同一坐标系统中，所以，应给出卫星在地球坐标系中的位置。由于瞬时地球空间直角坐标系与瞬时天球空间直角坐标系的差别在于 X 轴的指向不同，若取其间的夹角为春分点的格林尼治恒星时 GAST，则地球坐标系中，卫星的瞬时坐标 (X, Y, Z) 与在天球坐标系中的瞬时坐标 (x, y, z) 之间的关系为

$$\begin{bmatrix} X \\ Y \\ Z \end{bmatrix} = \begin{bmatrix} \cos(\mathrm{GAST}) & \sin(\mathrm{GAST}) & 0 \\ -\sin(\mathrm{GAST}) & \cos(\mathrm{GAST}) & 0 \\ 0 & 0 & 1 \end{bmatrix} \begin{bmatrix} x \\ y \\ z \end{bmatrix} \tag{3-17}$$

一般来说，还需对 (X, Y, Z) 进行极移改正，将其转化为协议地球坐标系下的坐标 $(X, Y, Z)_{\mathrm{CTS}}$。

归纳起来，卫星无摄运动在轨位置的计算步骤依次为：

（1）利用式（3-5）计算平均角速度 n；

（2）利用式（3-6）计算平近点角 $M(t)$；

（3）利用开普勒方程式（3-7）计算偏近点角 $E(t)$；

（4）利用式（3-11）或式（3-12）计算计算真近点角 $V(t)$；

（5）利用无摄运动轨道方程式（3-1）计算卫星地心向径 r；

（6）利用式（3-13）计算卫星在轨道直角坐标系中的位置；

（7）利用式（3-16）计算卫星在天球坐标系中的位置；

（8）利用式（3-17）计算卫星在地球坐标系中的位置；

（9）对卫星的地球坐标进行极移改正，将其转化为 $(X, Y, Z)_{CTS}$。

3.1.5 卫星的瞬时速度

为了描述卫星运动的状态，不但应了解卫星的瞬时空间位置，还应了解其相应的运动速度。根据开普勒第二定律可知，当 $e > 0$ 时，卫星在轨道上的运动速度是时间的函数。在轨道直角坐标系中，如图 3-6 所示，卫星运动的运行速度为

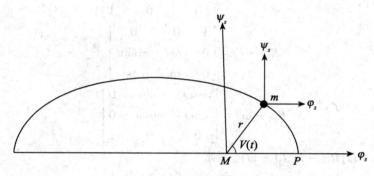

图 3-6 卫星的运行速度

$$\begin{bmatrix} \dot{\varphi}_s \\ \dot{\psi}_s \\ \dot{\kappa}_s \end{bmatrix} = \begin{bmatrix} \dfrac{\partial \varphi_s}{\partial t} \\ \dfrac{\partial \psi_s}{\partial t} \\ \dfrac{\partial \kappa_s}{\partial t} \end{bmatrix} \tag{3-18}$$

由式（3-14）可得

$$\begin{bmatrix} \dot{\varphi}_s \\ \dot{\psi}_s \\ \dot{\kappa}_s \end{bmatrix} = \begin{bmatrix} -a\sin E_s \dfrac{\partial E_s}{\partial t} \\ a\sqrt{1-e^2}\cos E(t) \dfrac{\partial E_s}{\partial t} \\ 0 \end{bmatrix} \tag{3-19}$$

根据开普勒方程 $E(t) = M(t) + eE(t)$ 以及平近点角 $M(t) = n(t - t_0)$，可得

$$\left.\begin{array}{l} \dfrac{\partial E_s}{\partial t} = \dfrac{\partial E_s}{\partial M_s} \cdot \dfrac{\partial M_s}{\partial t} \\[2mm] \dfrac{\partial E_s}{\partial M_s} = \dfrac{1}{1 - e\cos E_s} \\[2mm] \dfrac{\partial M_s}{\partial t} = n \end{array}\right\} \tag{3-20}$$

则式（3-18）可表示为

$$\begin{bmatrix} \dot{\varphi}_s \\ \dot{\psi}_s \\ \dot{\kappa}_s \end{bmatrix} = \frac{an}{1 - e\cos E_s}\begin{bmatrix} -\sin E_s \\ \sqrt{1 - e^2}\cos E_s \\ 0 \end{bmatrix} \tag{3-21}$$

同理，可得卫星在天球坐标系中的运行速度为

$$\begin{bmatrix} \dot{x} \\ \dot{y} \\ \dot{z} \end{bmatrix} = R\begin{bmatrix} -\dfrac{a^2 n}{r}\sin E(t) \\ \dfrac{a^2 n}{r}\sqrt{1 - e^2}\cos E(t) \\ 0 \end{bmatrix} \tag{3-22}$$

在地球坐标系中的运行速度为

$$\begin{bmatrix} \dot{X} \\ \dot{Y} \\ \dot{Z} \end{bmatrix} = -\begin{bmatrix} \sin(\text{GAST}) & -\cos(\text{GAST}) & 0 \\ \cos(\text{GAST}) & \sin(\text{GAST}) & 0 \\ 0 & 0 & 0 \end{bmatrix}\begin{bmatrix} x \\ y \\ z \end{bmatrix}\omega$$

$$+ \begin{bmatrix} \cos(\text{GAST}) & \sin(\text{GAST}) & 0 \\ -\sin(\text{GAST}) & \cos(\text{GAST}) & 0 \\ 0 & 0 & 1 \end{bmatrix}\begin{bmatrix} \dot{x} \\ \dot{y} \\ \dot{z} \end{bmatrix} \tag{3-23}$$

3.2　卫星的受摄运动

实际上，地球是不规则的椭球体，其内部物质分布不均匀，因此不能将地球看成是一个质点。卫星除了受到地球引力作用外，还受到来自太阳和月亮的引力、大气阻力、潮汐等外力作用，这些可以看成是对卫星理想轨道的摄动力。而在摄动力的作用下，卫星的运动会偏离无摄轨道，通常将考虑了摄动力作用的卫星运动称为卫星的受摄运动。

3.2.1　卫星运动的摄动力

由于受到多种非地球中心引力的影响，卫星的运行轨道实际上是偏离开普勒轨道的。对于 GPS 卫星来说，仅地球的非球性影响，在 $3h$ 的弧段上就可能使卫星的位置偏差达 2km，而在两天弧段上达 14km，显然，这种偏差对于任何用途的定位工作都是不容忽视的。为此，必须建立各种摄动力模型，对卫星的开普勒轨道加以修正，以满足精密定轨和定位的要求。卫星在运行过程中，除主要受到地球中心引力 F_C 的作用外，还将受到以下各种摄动力的影响，从而引起轨道的摄动(图 3-7)：

(1)地球体的非球性及其质量分布不均匀而引起的作用力，即地球的非中心引力 F_{nc}；

(2)太阳的引力 F_s 和月亮的引力 F_n；

(3)太阳的直接与间接辐射压力 F_r；

（4）大气的阻力 F_a；

（5）地球潮汐的作用力；

（6）磁力等。

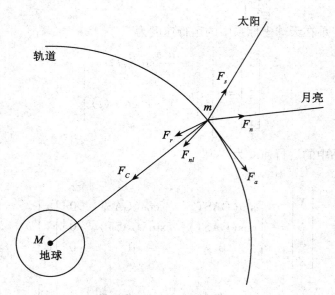

图 3-7　卫星运行所受的力

3.2.2　地球引力场摄动力的影响

地球引力场对卫星的引力包括地球质心引力和地球引力场摄动力（由于地球形状不规则及其质量不均匀所产生）两部分。地球引力是一种保守力，可以建立一个位函数来表示地球外部空间一个质点所受到的作用力，其一般形式为

$$V = \frac{GM}{r} + \Delta V \tag{3-24}$$

式中，$\frac{GM}{r}$ 为地球形状规则和密度均匀所产生的引力位，卫星在它的作用下作二体运动，其轨道为无摄轨道；ΔV 为摄动位，使卫星运动的轨道参数随时间而变化。

由于地球形状大体上接近于一个长短轴相差约 21km 的椭球，但在北极高出椭球面约 19m，而在南极却凹下约 26m，而且其内部质量的分布也不均匀，一般来说，大地水准面与椭球面的高差均不超过 100m，ΔV 不能用一个简单封闭的公式来表示，可用无穷级数来表示为

$$\Delta V = GM \sum_{n=2}^{n'} \frac{a^n}{r^{n+1}} \sum_{m=0}^{n} P_{nm}(\sin\varphi)(C_{nm}\cos m\lambda + S_{nm}\sin m\lambda) \tag{3-25}$$

式中，GM 为引力常数和地球质量的乘积；a 为地球赤道半径；r 为卫星至地心的距离；$P_{nm}(\sin\varphi)$ 为 n 阶 m 次勒让德函数；C_{nm}、S_{nm} 为球谐系数；n' 为预定的某一最高阶次；λ、φ 为观测站的经度和纬度。

由于 GPS 卫星的轨道较高，而随着高度的增加，地球非球性引力的影响将迅速减小，

因此，只要应用展开式的较少项数，便可满足确定 GPS 卫星轨道的精度要求。地球引力场摄动位的影响主要由与地球扁率有关的二阶球谐系数项所引起，它对卫星轨道的影响主要表现为：

1. 升交点沿赤道缓慢西移

实际上，这种摄动作用的影响就是使轨道平面产生旋转，在摄动位的影响下，GPS 卫星轨道面的进动速度 $\dot{\Omega}$ 约为 $-0.03°/d$。由于升交点还受其他摄动力的影响，所以升交点赤经的变率实际上不是一个常数。

2. 近地点在轨道面内旋转

近地点位置的变化意味着开普勒椭圆在轨道面内定向的改变，这种摄动作用引起近地点角距 ω 的缓慢变化。

3. 引起平近角点 $M(t)$ 的变化

设 $\Delta n = \dfrac{dM(t)}{dt} + \dfrac{d\omega}{dt}$，结合近地点在轨道面内旋转 $\dfrac{d\omega}{dt}$ 与平近点角的变率 $\dfrac{dM(t)}{dt}$，平均角速度差为 $\Delta n \approx -0.01°/d$。

以上三种摄动作用取决于轨道参数 a、e、i，皆属于长期摄动，在它们的联合作用下，卫星的实际轨道近似于一条空间螺旋线。

3.2.3　日、月引力的影响

日、月引力的影响主要是由于太阳和月亮对卫星的引力作用引起的。与地球引力场摄动一样，日、月引力摄动也属于保守力作用。因此，只要找出日、月引力摄动位（展开式），便可推算出它们对卫星轨道的影响，计算出相应的摄动轨道参数。

日、月引力的影响主要是周期性摄动，它具有许多不同的周期，其中最大的周期约为14d。与地球引力场的摄动类似，日、月引力的摄动也能产生升交点沿赤道缓慢进动、近地点角距的变化等轨道摄动现象，只是摄动的方向与地球引力场的摄动不同，摄动量级更小而已。其摄动加速度约为 $5 \times 10^{-6} m/s^2$，在 3h 的弧段内，可能产生约 50~150m 的位置误差，是除了地球引力场外最大的摄动源。

虽然太阳的质量比月球大，但由于卫星到太阳距离比到月球的距离大很多，所以太阳引力摄动作用一般约为月球引力摄动的 0.46 倍。太阳系其他行星的引力摄动比太阳更小，因此可以忽略不计。

3.2.4　太阳光压摄动的影响

太阳光照射到卫星上，将使卫星获得一个推力，通常称为太阳光压，也称为太阳辐射压。太阳光压有两种，一种是直接辐射光压，另一种是地球反射光压，后者对于 GPS 影响较小，通常只有直接辐射压的 1%~2%。太阳辐射压对球形卫星所产生的摄动加速度，既与卫星、太阳和地球之间的相对位置有关，又与卫星表面的反射特性、卫星的截面积和质量比有关。

根据计算，太阳光压对 GPS 卫星产生的摄动加速度约为 $10^{-7} m/s^2$ 数量级，将使卫星轨道在 3h 的弧段产生 5~10m 的偏差，因此，对于基线大于 50km 的精密相对定位而言，这一轨道偏差一般是不能忽略的。

3.2.5 地球潮汐摄动力的影响

日、月引力作用于地球，使之产生形变（固体潮）或质量移动（海潮），从而引起地球质量分布的变化，这一变化将引起地球引力的变化，可以将这种变化视为在不变的地球引力中附加一个小的摄动力——潮汐摄动力。在 5d 的弧段中，潮汐力作用对 GPS 卫星位置的影响可达 1m。

综上所述，卫星的实际轨道受到多种摄动力的影响，从而偏离理想轨道。为获得高精度定位结果，必须考虑摄动力对轨道的影响，建立各种摄动力模型，修正卫星开普勒轨道。

3.3 GPS 卫星星历

卫星星历是描述卫星运动轨道的信息，也可以说，卫星星历就是一组对应某一时刻的轨道参数及其变率。有了卫星星历，就可以计算出任意时刻的卫星位置及其速度。GPS卫星星历分为广播星历和精密星历。

3.3.1 广播星历

广播星历又称为预报星历，是指 GPS 卫星将含有轨道信息的导航电文发送给用户接收机，然后经过解码获得的卫星星历，通常包括相对某一参考历元的开普勒轨道参数和必要的轨道摄动改正项参数。

GPS 用户通过卫星广播星历，可获得 16 个卫星星历参数，其中包括 1 个参考时刻、6个相应参考时刻的开普勒轨道参数和 9 个反映摄动力影响的参数（表 3-1），这些参数通过导航电文发播给用户。

表 3-1　　　　　　　　　　　　　　卫星星历参数

参数	说明	参数	说明
t_{oe}	星历表的参考历元（s）	C_{uc}	纬度幅角的余弦调和项改正的振幅（rad）
IODE	星历表的数据龄期（N），又称为 AODE	C_{us}	纬度幅角的正弦调和项改正的振幅（rad）
M_0	按参考历元 t_{oe} 计算的平近点角（rad）	C_{rc}	轨道半径的余弦调和项改正的振幅（m）
e	轨道偏心率	C_{rs}	轨道半径的余弦调和项改正的振幅（m）
$\sqrt{a}$	轨道长半径的平方根（$\sqrt{m}$）	C_{ic}	轨道倾角的余弦调和项改正的振幅（rad）
Ω_0	按参考星历 t_{oe} 计算的升交点赤经（rad）	C_{is}	轨道倾角的正弦调和项改正的振幅（rad）
i_0	按参考星历 t_{oe} 计算的轨道倾角（rad）	GDP	周数（周）
ω	近地点角距（rad）	T_{gd}	载波 L_1、L_2 的电离层时延迟差（s）
$\dot{\Omega}$	升交点赤经变化率（rad/s）	IODC	星钟的数据龄期（N）
$\dot{i}$	轨道倾角变化率（rad/s）	a_0	卫星钟差（s），时间偏差
Δn	由精密星历计算得到的卫星平均角速度与按给定参数计算得到的平均角速度之差（rad）	a_1	卫星钟速（s/s），频率偏差系数
		a_2	卫星钟速变率（s/s²），漂移系数

表 3-1 中，星历表参考历元 t_{oe} 是从星期日子夜零点开始计算的参考时刻，星历表数据龄期 IODE 为从 t_{oe} 时刻至作为预报星历测量的最后观测时刻之间的时间，故 IODE 是预报星历的外推时间间隔。

相应参考历元的卫星开普勒轨道参数也称为参考星历。参考星历只代表卫星在参考历元的轨道参数，但是在摄动力的影响下，卫星的实际轨道随后将偏离参考轨道，偏离的程度主要取决于观测历元与所选参考历元之间的时间差。如果用轨道参数的摄动项对已知的卫星参考星历加以改正，就可以推出任一观测历元的卫星星历。广播星历参数的选择采用了开普勒轨道参数加调和项修正的方案。GPS 卫星的运动在二体运动的基础上加入了长期摄动和周期摄动，其中主要的周期摄动是周期约 6h 的二阶带谐项引起的短周期摄动。

不难理解，若观测历元与所选参考历元的时间差很大，为了保障外推的轨道参数具有必要的精度，就必须采用更严密的摄动力模型和考虑更多的摄动因素。实际上，为了保持卫星预报的必要精度，一般采用限制预报星历外推时间间隔的方法。为此，GPS 跟踪站每天都利用其观测资料，更新用以确定卫星参考星历的数据，以计算每天卫星轨道参数的更新值，并按时将其注入相应的卫星，加以储存和发送。事实上，GPS 卫星发射的广播星历每小时更新一次，以供用户使用。

若将上述计算参考星历的参考历元 t_{oe} 选在两次更新星历的中央时刻，则外推的时间间隔最大将不会超过 0.5h，从而可以在采用同样摄动力模型的情况下有效地保持外推轨道参数的精度。由于预报星历每小时更新一次，将会产生小的跳跃，一般采用拟合的方法予以平滑。

3.3.2 精密星历

虽然预报星历的精度低，但它可通过导航电文实时地获得，这对导航和实时定位的用户而言非常重要，但是，仍难以满足精密定位的用户需求。

精密星历是由地面跟踪站根据精密观测资料按照一定的计算方法计算的卫星星历，它可以向用户提供在用户观测时间内的卫星星历，避免了星历外推的误差。由于这种星历是在事后向用户提供的在其观测时间内的精密轨道信息，因此也称为后处理星历。

精密星历是按一定的时间间隔(通常是 15min)来给出卫星在空间的三维坐标、三维速度和卫星钟改正数等信息。如国际 GPS 地球动力学服务组织(IGS)自 1994 年开始发布 GPS 精密轨道数据，不断更新越来越适用的数据格式，IGS 确定 GPS 卫星轨道的精度由最初的 30~40cm 提高到现在的优于 5cm，用户可通过 ftp：//igs. ensg. ign. fr 下载。

3.3.3 卫星坐标的计算

当用 GPS 信号进行导航定位以及制定观测计划时，都必须已知 GPS 卫星在空间的瞬时位置。卫星位置是根据卫星导航电文所提供的轨道参数进行计算的。下面讨论观测瞬间 GPS 卫星在地固坐标系中坐标的计算方法。

1. 计算卫星运行的平均角速度 n

根据式(3-5)，卫星运行的平均角速度 n_0 可以用下式计算：

$$n_0 = \sqrt{\frac{GM}{a^3}} \tag{3-26}$$

式中，GM 为地球引力常数，且 $GM = 3.986005 \times 10^{14} \mathrm{m^3/s^2}$。平均角速度加上卫星导航电文给出的摄动改正数，便可得到卫星运行的平均角速度 n，即

$$n = n_0 + \Delta n \tag{3-27}$$

2. 计算归化时间 t_k

$$t_k = t - t_{oe} \tag{3-28}$$

式中，t_k 称为相对于参考时刻 t_{oe} 的归化时间。

3. 计算观测时刻卫星平近点角 M_k

$$M_k = M_0 + nt_k \tag{3-29}$$

式中，M_0 是卫星电文给出的参考时刻 t_{oe} 的平近点角。

4. 计算偏近点角 E_k

$$E_k = M_k + e\sin E_k \tag{3-30}$$

式中，M_k、E_k 以弧度计，因为 GPS 卫星轨道的偏心率 e 很小，因此收敛很快，只需迭代计算两次便可求得偏近点 E_k。

5. 计算真近点角 V_k

$$V_k = \arctan \frac{\sqrt{1-e^2}\sin E_k}{\cos E_k - e} \tag{3-31}$$

6. 计算升交距角 Φ_k

$$\Phi_k = V_k + \omega \tag{3-32}$$

式中，ω 为卫星导航电文给出的近地点角距。

7. 计算摄动改正项 δu、δr、δi

$$\begin{cases} \delta u = C_{uc}\cos(2\Phi_k) + C_{us}\sin(2\Phi_k) \\ \delta r = C_{rc}\cos(2\Phi_k) + C_{rs}\sin(2\Phi_k) \\ \delta i = C_{ic}\cos(2\Phi_k) + C_{is}\sin(2\Phi_k) \end{cases} \tag{3-33}$$

式中，δu、δr、δi 分别为升交距角 u 的摄动量、卫星矢径 r 的摄动量和轨道倾角 i 的摄动量。

8. 计算经过摄动改正的升交距角 u_k、卫星矢径 r_k 和轨道倾角 i_k

$$\begin{cases} u_k = \Phi_k + \delta u \\ r_k = a(1 - e\cos E_k) + \delta r \\ i_k = i_0 + \delta i + \dot{i}t_k \end{cases} \tag{3-34}$$

9. 计算卫星在轨道平面坐标系的坐标

卫星在轨道平面坐标系（X 轴指向升交点）中的坐标为

$$\begin{cases} x_k = r_k\cos u_k \\ y_k = r_k\sin u_k \end{cases} \tag{3-35}$$

10. 计算观测时刻升交点经度 Ω_k

升交点经度 Ω_k 等于观测时刻升交点赤经 Ω（春分点和升交点之间的角距）与格林尼治视恒星时 GAST（春分点和格林尼治起始子午线之间的角距）之差，即

$$\Omega_k = \Omega - \text{GAST} \tag{3-36}$$

又因为

$$\Omega = \Omega_{oe} + \dot{\Omega} t_k \tag{3-37}$$

式中，$\dot{\Omega}$ 是升交点赤经的变化率，卫星电文每小时跟新一次 $\dot{\Omega}$ 和 t_{oe}；Ω_{oe} 是参考时刻 t_{oe} 的升交点赤经。

此外，卫星导航电文中提供了一周的开始时刻 t_w 的格林尼治视恒星时 GAST_w，由于地球自转作用，GAST 不断增加，所以

$$\text{GAST} = \text{GAST}_w + \omega_e t \tag{3-38}$$

式中，$\omega_e = 7.29211567 \times 10^{-5} \text{rad/s}$，为地球自转的速率；$t$ 为观测时刻。

由式(3-37)和式(3-38)，得

$$\Omega_k = \Omega_{oe} + \dot{\Omega} t_k - \text{GAST}_w - \omega_e t \tag{3-39}$$

再由式(3-28)，得

$$\Omega_k = \Omega_o + (\dot{\Omega} - \omega_e) t_k - \omega_e t_{oe} \tag{3-40}$$

式中，$\Omega_0 = \Omega_{oe} - \text{GAST}_w$，而 Ω_0、$\dot{\Omega}$、t_{oe} 的值可从卫星电文中获取。

11. 计算卫星在地心固定坐标系中的直角坐标

把卫星在轨道平面直角坐标系中的坐标进行旋转变换，可得到卫星在地心固定坐标系中的直角坐标，即

$$\begin{bmatrix} X_k \\ Y_k \\ Z_k \end{bmatrix} = \begin{bmatrix} x_k \cos\Omega_k - y_k \cos i_k \sin\Omega_k \\ x_k \sin\Omega_k + y_k \cos i_k \cos\Omega_k \\ y_k \sin i_k \end{bmatrix} \tag{3-41}$$

12. 计算卫星在协议地球坐标系中的坐标

考虑极移的影响，卫星在协议地球坐标系中的坐标为

$$\begin{bmatrix} X \\ Y \\ Z \end{bmatrix}_{\text{CTS}} = \begin{bmatrix} 1 & 0 & X_p \\ 0 & 1 & -Y_p \\ -X_p & Y_p & 1 \end{bmatrix} \begin{bmatrix} X_k \\ Y_k \\ Z_k \end{bmatrix} \tag{3-42}$$

3.4　GPS 卫星信号

GPS 卫星信号是 GPS 卫星向广大用户发送的用于导航定位的调制波，它包括载波、测距码和数据码(或称 D 码)。

3.4.1　GPS 卫星导航电文

GPS 卫星的导航电文(数据码或 D 码)是用户用来定位和导航的数据基础，它主要包括卫星星历、时钟改正、工作状态信息、大气折射改正、轨道摄动改正以及 C/A 码转换到捕获 P 码的信息。

导航电文是二进制码的形式，按照规定格式组成，按帧向外播送(图 3-8)。它的基本单位是长 1500bit 的一个主帧，传输速率是 50bit/s，30s 传送完一个主帧，一个主帧包括 5

个子帧，每个子帧各有 10 个字码，每个字码 30bit。第 1、2、3 子帧含有卫星的广播星历和卫星钟修正参数，每小时更新一次；第 4、5 子帧存放所有 GPS 卫星的历书，各含 25 个页面。子帧 1、2、3 和子帧 4、5 的每一页均构成一个帧，因此，完整的导航电文共占有 25 帧，共有 37500bit，需要 750s 才能传送完，其内容仅在卫星注入新的导航数据后才得以更新。

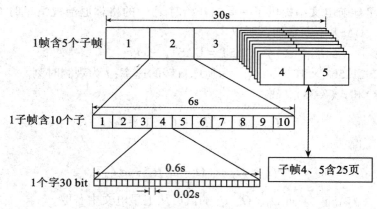

图 3-8 卫星导航电文的组成

1. 遥测码(Telemetry Word，TLW)

遥测码位于各子帧的第一个字码，它用来表明卫星注入数据的状态。遥测码的第 1～8bit 是同步码，使用户便于解释导航电文，第 9～22bit 为遥测电文，其中包括地面监控系统注入数据时的状态信息、诊断信息和其他信息。第 23 和第 24bit 是连接码；第 25～30bit 为奇偶检验码，用于发现和纠正错误。

2. 转换码(Hand Over Word，HOW)

转换码位于每个子帧的第二个字码，其作用是提供帮助用户从所捕获的 C/A 码转换到捕获 P 码的 Z 计数。Z 计数实际上是一个时间计数，它以从每星期起始时刻开始播发的 D 码子帧数为单位，给出了一个子帧开始瞬间的 GPS 时间。由于每一子帧持续时间为 6s，所以下一子帧开始的时间为 $6 \times Zs$，用户可据此将接收机时钟精确对准 GPS 时，并快速捕获 P 码。

3. 第一数据块

第一数据块位于第 1 子帧的第 3～10 字码，它的主要内容包括：标识码，时延差改正；星期序号；卫星的健康状况；数据龄期；卫星时钟改正系数等。

1)时延差改正 T_{gd}

时延差改正 T_{gd} 位于第 7 字码的 11～12bit，表示信号在卫星内部的时延差(T_{p_1}－T_{p_2})，即 $P_1(y_1)$、$P_2(y_2)$ 码从产生到卫星发射天线所经过时间的差异。

2)星期序号 WN

WN 位于第 3 字码的 1～10bit，表示从 1980 年 1 月 6 日子夜零点(UTC)起算的星期数，即 GPS 星期数。

3)数据龄期 AODC

卫星时钟的数据龄期 AODC 位于第 3 字码的 23~24bit 以及第 8 字码的 1~8bit，是时钟改正数的外推时间间隔，它指明卫星时钟改正数的置信度。

$$AODC = t_{oc} - t_l \tag{3-43}$$

式中，t_{oc} 为第一数据块的参考时刻；t_l 是计算时钟改正参数所用数据的最后观测时间。

4）卫星时钟改正

GPS 时间系统以地面主控站的主原子钟为基准，由于主控站主钟的不稳定性，使得 GPS 时间和 UTC 时间存在差异，地面监控系统通过检测确定出这种差值，并用导航电文播发给广大用户。每一颗 GPS 卫星的时钟相对 GPS 时间系统存在着差值，需加以改正，这便是卫星时钟改正，即

$$\Delta t_s = a_0 + a_1(t - t_{oc}) + a_2(t - t_{oc})^2 \tag{3-44}$$

式中，a_0 为参考时刻的钟差；a_1 为参考时刻的钟速；a_2 为参考时刻的钟漂。a_0、a_1、a_2 由第 9 字码和第 10 字码提供。

4. 第二数据块

第二数据块包含第 2 和第 3 子帧，是导航电文的核心部分，其内容为 GPS 卫星的广播星历，这些数据为用户提供了有关计算卫星运动位置的信息。描述卫星的运行及其轨道的参数主要包括：开普勒 6 参数（$\sqrt{a}$、e、Ω_0、i_0、ω、M_0），轨道摄动 9 参数（Δn、$\dot{\Omega}$、$\dot{i}$、C_{uc}、C_{us}、C_{rc}、C_{rs}、C_{ic}、C_{is}）以及 AODE 参数，这些参数每 30s 重复一次，每小时更新一次。

5. 第三数据块

第三数据块包括第 4 和第 5 两个子帧，其内容包括了所有 GPS 卫星的历书数据。当接收机捕获到某颗 GPS 卫星后，根据第三数据块提供的其他卫星的概略星历、时钟改正、卫星工作状态等数据，用户可以选择工作正常和位置适当的卫星，并且较快地捕获到所选择的卫星。

1）第 4 子帧

（1）第 2、3、4、5、7、8、9、10 页面提供第 25~32 颗卫星的历书；

（2）第 17 页面提供专用电文，第 18 页面给出电离层改正模型参数和 UTC 数据；

（3）第 25 页面提供所有卫星的型号、防电子对抗特征符和第 25~32 颗卫星的健康状况；

（4）第 1、6、11、12、16、19、20、21、22、23、24 页面为备用，第 13、14、15 页面为空闲页。

2）第 5 子帧

（1）第 1~24 页面给出 1~24 颗卫星的历书；

（2）第 25 页面给出 1~24 颗卫星的健康状况和星期编号。

在第三数据块中，第 4 和第 5 子帧的每个页面的第 3 字码，其开始的 8bit 是识别字符，且分成两种形式：①第 1 和第 2bit 为电文识别（DATA ID）；②第 3~8 为卫星识别（SV ID）。

3.4.2　GPS 卫星测距码信号

测距码是用于测定卫星至接收机间距离的二进制码，GPS 卫星中所用的测距码从性质上讲，属于伪随机噪声码，它们看似一组取值（0 或 1）完全无规律的随机噪声码序列，

其实是具有确定编码规则编排起来的、可以复制的周期性的二进制序列，且具有类似于随机噪声码的自相关性特性。结构相同的随机码序列 $u(t) = \bar{u}(t)$ 通过平移码元数，相应的码元相互对齐，易于测量。测距码是由若干个多级反馈移位寄存器所产生的 m 序列经平移、截短、求模二和等一系列复杂处理后形成的。根据性质和用途的不同，在 GPS 卫星发射的测距码信号中包含了 C/A 和 P 码两种伪随机噪声码信号，各卫星所用的测距码互不相同。下面将分别介绍其特点及作用。

1. C/A 码（Coarse/Acquisition Code）

用于进行粗略测距和捕获精码的测距码称为粗码，也称为捕获码。C/A 码的测距精度一般为 ±(2~3)m。C/A 码是一种结构公开的明码，供全世界所有的用户免费使用。

C/A 码的码长为 1023bit；码元宽度为 0.977517μs，相应距离为 293.1m；周期为 1ms；数码率为 1.023Mbit/s。GPS 星座中的不同卫星使用结构各异的 C/A 码，这样既便于复制又易于区分。

C/A 码具有如下特性：

（1）由于 C/A 码的码长较短，在 GPS 导航和定位中，为了捕获 C/A 码以测定卫星信号传播的时间延迟，通常对 C/A 码进行逐个搜索，而 C/A 码总共只有 1023 个码元，若以每秒 50 码元的速度搜索，仅需约 20.5s 便可完成，易于捕获。而通过捕获 C/A 码所得到的卫星提供的导航电文信息，又可以方便地捕获 P 码，所以，通常称 C/A 码为捕获码。

（2）C/A 码的码元宽度较大。若两个序列的码元相关误差为码元宽度的 1/100，则此时所对应的测距误差可达 ±2.9m。由于其精度较低，所以称 C/A 码为粗码。

2. P 码（Precision Code）

用于精确测定从 GPS 卫星至接收机距离的测距码称为精码。该测距码又同时调制在 L_1 和 L_2 两个载波上，可较完善地消除电离层延迟，故用它来测距可获得较精确的结果。P 码是一种结构保密的军用码，目前，美国政府不提供给一般 GPS 民用用户使用。

P 码的码长为 $2.35×10^{14}$bit；码元宽度为 0.097752μs，相应距离为 29.3m；数码率为 10.23Mbit/s；周期为 267 天。在实用上，P 码的一个整周期被分为 38 部分，每一部分周期为 7 天，码长约为 $6.19×10^{12}$bit，其中有 5 部分由地面监控站使用，其他 32 部分分配给不同的卫星，1 部分闲置。这样，每颗卫星所使用 P 码便具有不同的结构，易于区分，但码长和周期相同。

P 码具有如下特性：

（1）因为 P 码的码长较长，在 GPS 导航和定位中，如果采用搜索 C/A 码的办法来捕获 P 码，即逐个码元依次进行搜索，当搜索的速度仍为每秒 50 码元时，约需 $14×10^5$ 天，那将是无法实现的，不易捕获。因此，一般都是先捕获 C/A 码，然后根据导航电文中给出的有关信息，便可捕获 P 码。

（2）P 码的码元宽度为 C/A 码的 1/10，若两个序列的码元相关误差仍为码元宽度的 1/100，则此时所引起的测距误差仅有 ±0.293m，仅为 C/A 码的 1/10。所以 P 码可用于较精密的导航和定位，通常称为精码。

3. L_2C 码

目前，C/A 码只调制在 L_1 载波上，故无法精确地消除电离层延迟。随着全球定位系统的现代化，在 L_2 载波上增设调制了第二民用频率码 L_2C 码后，该问题将可得到解决。

采用窄相关间隔(Narrow Correlator Spacing)技术后,测距精度可达分米级,与精码的测距精度大体相当。

3.4.3 GPS 卫星载波信号

GPS 卫星的所有信号,即载波、测距码、数据码,都是在同一个基本频率 $f_0 = 10.23 \text{MHz}$ 的控制下产生的(图 3-9)。为满足多用户系统、高精度定位、实时定位以及军事保密的要求,GPS 使用 L 波段的两种载波:

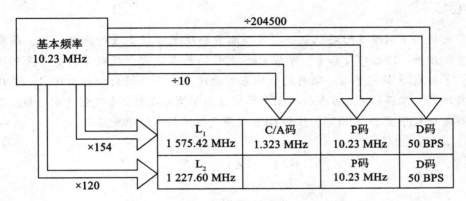

图 3-9 GPS 卫星信号构成

L_1 波段: $f_1 = 154 \times f_0 = 1575.42 \text{MHz}$, 波长 $\lambda_1 = 19.032 \text{cm}$;

L_2 波段: $f_2 = 120 \times f_0 = 1227.6 \text{MHz}$, 波长 $\lambda_2 = 24.42 \text{cm}$ 。

选择这两个载波,目的在于测量或消除由于电离层效应而引起的延迟误差。在载波 L_1 上,调制有 C/A 码、P 码(或 Y 码)和数据码,而在载波 L_2 上,只调制有 P 码(或 Y 码)和数据码。在无线电通信技术中,为了有效地传播信息,一般均将频率较低的信号加载到频率较高的载波上,此过程称为调制,这时频率较低的信号称为调制信号。为了进行载波相位观测,用户接收机接收到信号后,可通过解调技术来恢复载波的相位。载波相位的观测精度远较测距码精度高,常用于高精度的定位测量中。

习题和思考题

1. 简述开普勒轨道各参数的意义。
2. 简述真近点角的计算步骤。
3. 影响卫星运动的摄动力有哪些?
4. 什么是 GPS 的预报星历? 有什么特点?
5. 什么是 GPS 的精密星历? 有什么特点?
6. 简述利用卫星广播星历计算卫星位置的方法。
7. GPS 导航电文的定义是什么? 简述 GPS 导航电文的基本构成和特点。
8. 简述 GPS 测距码信号的基本特点及用途。
9. 简述 GPS 卫星的载波信号基本特点及用途。

第 4 章　GPS 定位原理

☞ **教学目标**

　　GPS 可提供不同精度的定位服务，其观测量和观测方程是进行数据处理，获取定位结果的重要依据。通过学习本章，掌握 GPS 定位的基本方法、观测量的类型及观测方程的构成，掌握 GPS 静态定位与动态定位的基本原理，理解整周未知数的确定、整周跳变的探测与修复，掌握利用载波相位观测量的线性组合消除或削弱各项误差对定位结果的影响，了解差分 GPS 定位、RTK 定位和 GPS 增强定位的基本原理及应用。

4.1　概　　述

4.1.1　GPS 定位方法

　　GPS 定位的基本原理是以 GPS 卫星至用户接收机天线之间的距离(或距离差)为观测量，根据已知的卫星瞬时坐标，利用空间距离后方交会，确定用户接收机天线所对应的观测站的位置。GPS 定位的方式有多种，依据不同的分类标准可划分为:

　　1. 绝对定位和相对定位

　　按照参考点位置的不同，GPS 定位可分为绝对定位和相对定位。绝对定位又称单点定位，即直接确定观测站在协议地球坐标系中相对于地球质心的位置，可认为是以地球质心为参考点;相对定位则是在协议地球坐标系中，确定观测站与某一地面参考点的相对位置。

　　2. 静态定位和动态定位

　　按照接收机运动状态的不同，GPS 定位可分为静态定位和动态定位。静态定位是指在定位过程中，接收机处于静止状态。严格地讲，静止状态只是相对的，通常只要接收机相对于周围点位不发生位移，或在观测期内变化极其缓慢以致可以忽略，就被认为是处于静止状态。动态定位是指在定位过程中，接收机处于运动状态。

　　3. 伪距测量和载波相位测量

　　按照定位所采用的观测量的不同，GPS 定位可分为伪距测量和载波相位测量。伪距测量所采用的观测量为 GPS 的测距码(C/A 码或 P 码)。载波相位测量所采用的观测量为 GPS 的载波相位，即 L_1、L_2 载波或它们的某种线性组合。

　　4. 实时定位和非实时定位

　　按照获取定位结果时间的不同，GPS 定位可分为实时定位和非实时定位。实时定位是根据接收机观测到的数据，实时地解算出接收机天线所在的位置;非实时定位又称后处理定位，是通过对接收机接收到的数据进行处理以进行定位的方法。

4.1.2　GPS 定位的观测量

GPS 卫星定位的基本观测量是观测站(用户接收天线)到 GPS 卫星(信号发射天线)之间的距离(或称信号传播路径)，它是通过测定卫星信号在该路径上的传播时间(时间延迟)，或是测定卫星载波信号相位在该路径上变化的周期(相位延迟)来相对确定观测站(用户接收天线)中心的位置，进而经数据处理得到精密的测量坐标的。

利用测距码(C/A 码或 P 码)测量卫星信号到达接收机的时间延迟(距离延迟)，称为码相位观测或伪距测量。当接收机内部的复制码与接收到的测距码信号对齐，达到最大相关，所需的相移量可转换为卫星信号的传播时间，即时间延迟。所得时间延迟与光速乘积即为卫星至接收机的伪距。一般来说，对于 GPS 定位系统，利用 C/A 码进行实时绝对定位，各坐标分量精度在 5~10m，三维综合精度在 15~30m；利用军用 P 码进行实时绝对定位，各坐标分量精度在 1~3m，三维综合精度在 3~6m。

测量接收机产生的参考载波信号与接收到的来自卫星的具有多普勒频移的载波信号之间的相位延迟，称为载波相位测量。假设 $\varphi^j(t^j)$ 为卫星 s^j 于 t^j 历元发射的载波信号相位，$\varphi_i(t_i)$ 为接收机 T_i 于 t_i 历元的参考载波信号相位，则相位差(传播路径上的相位延迟)为

$$\Phi_i^j = \varphi_i(t_i) - \varphi^j(t^j) \tag{4-1}$$

由于载波的波长远小于测距码的波长，所以在相同分辨率的情况下，载波相位的观测精度比伪距测量高出许多。根据经验，观测精度约为码元宽度(或码的波长)的 1%，C/A 码、P 码、L_1 载波和 L_2 载波的观测精度分别约为 2.9m、0.29m、2.0mm 和 2.5mm。利用载波相位测量进行静态相对定位，可获得亚毫米级相对定位精度，是目前最精确的观测方式。

虽然载波相位测量的精度较高，但存在卫星载波信号在传播路径上相位变化的整周数无法直接测定的问题，即整周不定性问题。在卫星信号遮挡、多路径效应以及外界噪声等因素的干扰下，还可能出现整周跳变现象，使得整周未知数的确定变得愈加复杂。相对而言，实现伪距测量更容易一些。

由于 GPS 定位采用被动式单程测距原理，信号发射时刻与接收时刻分别由卫星钟和接收机钟给出，只有当这两个时钟保持严格同步，才能准确测定卫星至观测站之间的几何距离，而实际上这一点很难实现。所以，无论是伪距测量还是载波相位测量，所获得的距离都不可避免地包含卫星钟和接收机钟不同步的误差，这种含有钟差影响的距离值，通常称为伪距。由码相位观测所获得的伪距观测量，称为测码伪距；由载波相位观测所获得的伪距观测量，称为测相伪距。

4.1.3　测码伪距观测方程

1. 伪距测量观测方程

若以符号：

t^j(GPS) 表示卫星 s^j 发射信号时的理想 GPS 时刻；

t_i(GPS) 表示接收机 T_i 收到该信号时的理想 GPS 时刻；

t^j 表示卫星 s^j 发射信号时的卫星钟时刻；

t_i 表示接收机 T_i 收到信号时的接收机钟时刻；

Δt_i^j 表示卫星 s^j 的信号到达接收机 T_i 的传播时间；

δt^j 表示卫星钟相对于理想 GPS 时的钟差(卫星钟差)；

δt_i 表示接收机相对于理想 GPS 时的钟差(接收机钟差)，

则有

$$\begin{cases} t^j = t^j(\mathrm{GPS}) + \delta t^j \\ t_i = t_i(\mathrm{GPS}) + \delta t_i \end{cases} \tag{4-2}$$

而信号传播时间则为

$$\Delta t_i^j = t_i - t^j = t_i(\mathrm{GPS}) - t^j(\mathrm{GPS}) + \delta t_i - \delta t^j \tag{4-3}$$

若以 $\tilde{\rho}_i^j$ 表示卫星至接收机的伪距观测量；ρ_i^j 表示相应的几何距离，则在忽略大气折射影响的情况下，可得

$$\tilde{\rho}_i^j = c\Delta t_i^j = \rho_i^j + c\left(\delta t_i - \delta t^j\right) \tag{4-4}$$

式中，

$$\rho_i^j = c\left[t_i(\mathrm{GPS}) - t^j(\mathrm{GPS})\right]$$

考虑到大气折射误差虽经模型改正，仍含有残余影响，由式(4-4)，可进一步得到伪距观测方程的一般形式为

$$\tilde{\rho}_i^j(t) = \rho_i^j(t) + c\left(\delta t_i(t) - \delta t^j(t)\right) + \Delta_{i,\,\mathrm{iono}}^j(t) + \Delta_{i,\,\mathrm{trop}}^j(t) \tag{4-5}$$

式中，$\tilde{\rho}_i^j(t)$ 表示观测历元 t，卫星 s^j 至接收机 T_i 的伪距观测量；$\rho_i^j(t)$ 表示观测历元 t，卫星 s^j 至接收机 T_i 的几何距离；$\delta t^j(t)$ 表示观测历元 t，卫星 s^j 的钟差；$\delta t_i(t)$ 表示观测历元 t，接收机 T_i 的钟差；$\Delta_{i,\,\mathrm{iono}}^j(t)$ 表示观测历元 t，电离层折射对伪距观测量的影响；$\Delta_{i,\,\mathrm{trop}}^j(t)$ 表示观测历元 t，对流层折射对伪距观测量的影响。

2. 伪距测量观测方程的线性化

若以 $(X^j(t), Y^j(t), Z^j(t))$ 表示卫星的瞬时坐标，以 (X_i, Y_i, Z_i) 表示观测站坐标，则式(4-5)可进一步改写为

$$\tilde{\rho}_i^j(t) = \sqrt{\left[X^j(t) - X_i\right]^2 + \left[Y^j(t) - Y_i\right]^2 + \left[Z^j(t) - Z_i\right]^2} + c\delta t_i(t) - c\delta t^j(t)$$
$$+ \Delta_{i,\,\mathrm{iono}}^j(t) + \Delta_{i,\,\mathrm{trop}}^j(t)$$

$$\tag{4-6}$$

在取至一次项的情况下，上式可线性化为

$$\tilde{\rho}_i^j(t) = \rho_{i0}^j(t) - \frac{1}{\rho_{i0}^j(t)}\left[X^j(t) - X_{i0}\right]\delta X_i - \frac{1}{\rho_{i0}^j(t)}\left[Y^j(t) - Y_{i0}\right]\delta Y_i$$
$$- \frac{1}{\rho_{i0}^j(t)}\left[Z^j(t) - Z_{i0}\right]\delta Z_i + c\delta t_i(t) - c\delta t^j(t) + \Delta_{i,\,\mathrm{iono}}^j(t) + \Delta_{i,\,\mathrm{trop}}^j(t) \tag{4-7}$$

式中，$\rho_{i0}^j(t) = \sqrt{\left[X^j(t) - X_{i0}\right]^2 + \left[Y^j(t) - Y_{i0}\right]^2 + \left[Z^j(t) - Z_{i0}\right]^2}$，$(X_{i0}, Y_{i0}, Z_{i0})$ 为观测站的近似坐标，$(\delta X_i, \delta Y_i, \delta Z_i)$ 为观测站坐标的改正数。若令

$$l_i^j(t) = \frac{1}{\rho_{i0}^j(t)} \left[X^j(t) - X_{i0} \right]$$

$$m_i^j(t) = \frac{1}{\rho_{i0}^j(t)} \left[Y^j(t) - Y_{i0} \right] \tag{4-8}$$

$$n_i^j(t) = \frac{1}{\rho_{i0}^j(t)} \left[Z^j(t) - Z_{i0} \right]$$

则可将式(4-7)简化为

$$\tilde{\rho}_i^j(t) = \rho_{i0}^j(t) - \begin{bmatrix} l_i^j(t) & m_i^j(t) & n_i^j(t) \end{bmatrix} \begin{bmatrix} \delta X_i \\ \delta Y_i \\ \delta Z_i \end{bmatrix} + c\delta t_i(t) - c\delta t^j(t) \tag{4-9}$$

$$+ \Delta_{i,\text{iono}}^j(t) + \Delta_{i,\text{trop}}^j(t)$$

该式便为伪距测量观测方程的线性化形式，它在 GPS 定位中有着广泛应用。

4.1.4　测相伪距观测方程

1. 卫星信号的传播时间

如果以理想的 GPS 时为准，卫星于 $t^j(\text{GPS})$ 历元发射的载波信号相位 $\varphi^j\left[t^j(\text{GPS})\right]$ 与接收机于 $t_i(\text{GPS})$ 历元的参考载波信号相位 $\varphi_i\left[t_i(\text{GPS})\right]$ 之间的相位差 $\Phi_i^j\left[t(\text{GPS})\right]$ 可表示为

$$\Phi_i^j\left[t(\text{GPS})\right] = \varphi_i\left[t_i(\text{GPS})\right] - \varphi^j\left[t^j(\text{GPS})\right] \tag{4-10}$$

根据电磁波的有关理论，当时间有微小增量 Δt 时，相位与频率之间满足如下关系：

$$\varphi(t + \Delta t) = \varphi(t) + f\Delta t \tag{4-11}$$

式中，f 为信号频率。

则有

$$\varphi_i\left[t_i(\text{GPS})\right] = \varphi^j\left[t^j(\text{GPS})\right] + f\left[t_i(\text{GPS}) - t^j(\text{GPS})\right] \tag{4-12}$$

考虑式(4-10)，可得

$$\Phi_i^j\left[t(\text{GPS})\right] = \varphi_i\left[t_i(\text{GPS})\right] - \varphi^j\left[t^j(\text{GPS})\right] = f\Delta\tau_i^j \tag{4-13}$$

$$\Delta\tau_i^j = t_i(\text{GPS}) - t^j(\text{GPS})$$

式中，$\Delta\tau_i^j$ 为理想的卫星信号传播时间。

如果以 $\rho_i^j\left[t_i(\text{GPS}), t^j(\text{GPS})\right]$ 表示卫星至接收机间的几何距离，忽略大气折射的影响，则有

$$\Delta\tau_i^j = \frac{1}{c}\rho_i^j\left[t_i(\text{GPS}), t^j(\text{GPS})\right] \tag{4-14}$$

式中，$\rho_i^j\left[t_i(\text{GPS}), t^j(\text{GPS})\right]$ 是卫星钟与接收机钟同步情况下的理想站星几何距离，是信号发射历元 $t^j(\text{GPS})$ 与接收历元 $t_i(\text{GPS})$ 的函数，而信号发射历元一般是未知的，需要将其表达为已知接收历元的函数，顾及 $t^j(\text{GPS}) = t_i(\text{GPS}) - \Delta\tau_i^j$，将式(4-14)按泰勒级数展开，可得

$$\Delta\tau_i^j = \frac{1}{c}\rho_i^j\left[t_i(\text{GPS})\right] - \frac{1}{c}\dot{\rho}_i^j\left[t_i(\text{GPS})\right]\Delta\tau_i^j + \frac{1}{2c}\ddot{\rho}_i^j\left[t_i(\text{GPS})\right](\Delta\tau_i^j)^2 - \cdots \tag{4-15}$$

忽略二次项，并考虑接收机钟差的影响，利用式(4-2)，可将上式改写为

$$\Delta\tau_i^j = \frac{1}{c}\rho_i^j(t_i) - \frac{1}{c}\dot{\rho}_i^j(t_i)\delta t_i(t_i) - \frac{1}{c}\dot{\rho}_i^j(t_i)\Delta\tau_i^j \tag{4-16}$$

进一步整理上式，作一次迭代，并略去平方项，顾及大气折射影响的信号传播时间，上式最终表示为

$$\Delta\tau_i^j = \frac{1}{c}\rho_i^j(t_i)\left[1 - \frac{1}{c}\dot{\rho}_i^j(t_i)\right] - \frac{1}{c}\dot{\rho}_i^j(t_i)\delta t_i(t_i) + \frac{1}{c}\left[\Delta_{i,\,iono}^j(t_i) + \Delta_{i,\,trop}^j(t_i)\right] \tag{4-17}$$

2. 载波相位观测方程

由于卫星钟和接收机钟都不可避免地包含钟差的影响，进行数据处理时，必须采用统一的时间标准，将式(4-2)代入式(4-1)，并考虑式(4-11)和式(4-13)，可得

$$\Phi_i^j(t) = f\Delta\tau_i^j + f[\delta t_i(t) - \delta t^j(t)] \tag{4-18}$$

将式(4-17)代入上式，得以观测历元 t 为根据的载波信号相位差为

$$\Phi_i^j(t) = \frac{f}{c}\rho_i^j(t)\left[1 - \frac{1}{c}\dot{\rho}_i^j(t)\right] + f\left[1 - \frac{1}{c}\dot{\rho}_i^j(t)\right]\delta t_i(t) - f\delta t^j(t)$$
$$+ \frac{f}{c}\left[\Delta_{i,\,iono}^j(t) + \Delta_{i,\,trop}^j(t)\right] \tag{4-19}$$

如图 4-1 所示，假设于某一起始观测历元 t_0，载波信号相位差的小数部分为 $\delta\varphi_i^j(t_0)$，整数部分为 $N_i^j(t_0)$，则相应于起始观测历元 t_0 的相位差可写为

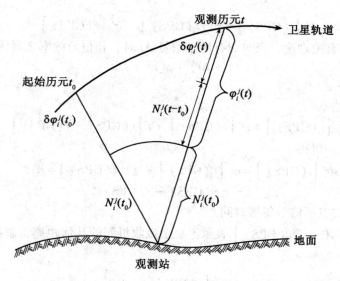

图 4-1 载波相位观测量

$$\Phi_i^j(t_0) = \delta\varphi_i^j(t_0) + N_i^j(t_0) \tag{4-20}$$

当卫星于 t_0 历元被跟踪(信号锁定)后，载波相位变化的整周数便被自动计数，在其后任一观测历元 t，载波信号的相位差可写为

$$\Phi_i^j(t) = \delta\varphi_i^j(t) + N_i^j(t - t_0) + N_i^j(t_0) \tag{4-21}$$

式中，$\delta\varphi_i^j(t)$ 表示观测历元 t，载波信号相位差不足整周的部分；$N_i^j(t - t_0)$ 表示 t_0 历元至 t

历元载波相位的整周变化，可由接收机自动连续计数来确定。$\delta\varphi_i^j(t)$ 与 $N_i^j(t-t_0)$ 均为已知量，如果令

$$\varphi_i^j(t) = \delta\varphi_i^j(t) + N_i^j(t-t_0) \tag{4-22}$$

则式(4-21)可表示为

$$\varphi_i^j(t) = \Phi_i^j(t) - N_i^j(t_0) \tag{4-23}$$

$\varphi_i^j(t)$ 就是载波相位测量的实际观测量，而 $N_i^j(t_0)$ 一般是未知参数，称为整周未知数或整周模糊度。在观测过程中，只要保持对卫星的连续跟踪，$N_i^j(t_0)$ 就始终为一个常量。

将式(4-19)代入式(4-23)，即可得载波相位观测方程为

$$\varphi_i^j(t) = \frac{f}{c}\rho_i^j(t)\left[1 - \frac{1}{c}\dot{\rho}_i^j(t)\right] + f\left[1 - \frac{1}{c}\dot{\rho}_i^j(t)\right]\delta t_i(t) \\ - f\delta t^j(t) - N_i^j(t_0) + \frac{f}{c}\left[\Delta_{i,\text{iono}}^j(t) + \Delta_{i,\text{trop}}^j(t)\right] \tag{4-24}$$

考虑到波长 $\lambda = \dfrac{c}{f}$，于是式(4-24)可改写为

$$\lambda\varphi_i^j(t) = \rho_i^j(t)\left[1 - \frac{1}{c}\dot{\rho}_i^j(t)\right] + c\left[1 - \frac{1}{c}\dot{\rho}_i^j(t)\right]\delta t_i(t) \\ - c\delta t^j(t) - \lambda N_i^j(t_0) + \Delta_{i,\text{iono}}^j(t) + \Delta_{i,\text{trop}}^j(t) \tag{4-25}$$

如果忽略 $\dfrac{\dot{\rho}_i^j(t)}{c}$ 项，则载波相位观测方程式(4-24)和式(4-25)可进一步简化为

$$\varphi_i^j(t) = \frac{f}{c}\rho_i^j(t) + f\left[\delta t_i(t) - \delta t^j(t)\right] - N_i^j(t_0) + \frac{f}{c}\left[\Delta_{i,\text{iono}}^j(t) + \Delta_{i,\text{trop}}^j(t)\right] \tag{4-26}$$

$$\lambda\varphi_i^j(t) = \rho_i^j(t) + c\left[\delta t_i(t) - \delta t^j(t)\right] - \lambda N_i^j(t_0) + \Delta_{i,\text{iono}}^j(t) + \Delta_{i,\text{trop}}^j(t) \tag{4-27}$$

比较载波相位观测方程式(4-27)与伪距测量观测方程式(4-5)，可以看出，载波相位观测方程除增加一项与整周未知数有关的项外，其形式完全与伪距测量观测方程相似。

3. 载波相位观测方程的线性化

由于载波相位观测方程与伪距测量观测方程形式相同，采用相同的线性化方法，可得载波相位观测方程式(4-26)与式(4-27)的线性化形式

$$\varphi_i^j(t) = \frac{f}{c}\rho_{i0}^j(t) - \frac{f}{c}\begin{bmatrix} l_i^j(t) & m_i^j(t) & n_i^j(t) \end{bmatrix}\begin{bmatrix} \delta X_i \\ \delta Y_i \\ \delta Z_i \end{bmatrix} - N_i^j(t_0) \\ + f\left[\delta t_i(t) - \delta t^j(t)\right] + \frac{f}{c}\left[\Delta_{i,\text{iono}}^j(t) + \Delta_{i,\text{trop}}^j(t)\right] \tag{4-28}$$

$$\lambda\varphi_i^j(t) = \rho_{i0}^j(t) - \begin{bmatrix} l_i^j(t) & m_i^j(t) & n_i^j(t) \end{bmatrix}\begin{bmatrix} \delta X_i \\ \delta Y_i \\ \delta Z_i \end{bmatrix} - \lambda N_i^j(t_0) \\ + c\left[\delta t_i(t) - \delta t^j(t)\right] + \Delta_{i,\text{iono}}^j(t) + \Delta_{i,\text{trop}}^j(t) \tag{4-29}$$

上述模型在精密 GPS 定位中有着广泛应用。

4.2 GPS 静态定位

在静态定位过程中，接收机的位置是固定的，处于静止状态，根据参考点的位置不同，静态定位又包含绝对定位与相对定位两种方式。无论是静态绝对定位还是静态相对定位，所依据的观测量都是卫星至观测站的伪距，根据观测量的不同，静态定位又可分为测码伪距静态定位与测相伪距静态定位。

4.2.1 静态定位方式

静态绝对定位确定测站在 WGS-84 坐标系中的绝对位置，即相对于坐标原点的位置，此时参考点为地球质心。由于定位只需一台接收机，故又称为单点定位，如图 4-2 所示。由于卫星钟与接收机钟难以保持严格同步，所测站星距离均包含了卫星钟与接收机钟不同步的影响。卫星钟差可以利用导航电文中给出的钟差参数加以修正，而接收机钟差则通常难以准确确定。一般将接收机钟差作为未知参数，与观测站的坐标一并求解。因此，进行绝对定位，在一个观测站至少需要同步观测 4 颗卫星才能求出观测站三维坐标分量与接收机钟差 4 个未知参数。

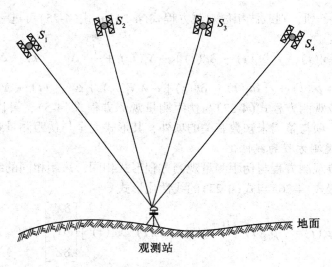

图 4-2 GPS 绝对定位

由于静态绝对定位可以连续地测定卫星至观测站的伪距，所以可获得充分的多余观测量，相应地，可提高定位精度。但是，单点定位并没有其他测站的同步观测数据可资比较，大气折光、卫星钟差等误差项就无法通过同步观测量的线性组合加以消除或削弱，只能依靠相应的模型来修正。

静态相对定位是将 GPS 接收机安置在不同的观测站上，保持各接收机固定不动，同步观测相同的 GPS 卫星，以确定各观测站在 WGS-84 坐标系中的相对位置或基线向量的方法，如图 4-3 所示，即是相对定位最基本的情况。在两个观测站或多个观测站同步观测相同卫星的情况下，卫星轨道误差、卫星钟差、接收机钟差、电离层折射误差和对流层折射误差等对观测量的影响具有一定的相关性，所以，利用这些观测量的不同组合进行相对定位，便可有效地消除或削弱上述误差的影响，从而提高相对定位的精度。静态相对定位一般采用载波相位观测量作为基本观测量，这一定位方法的相对定位精度可达 $10^{-6} \sim 10^{-8}$，是目前 GPS 定位中精度最高的一种方法，广泛应用于大地测量、精密工程测量、地球动力学研究等领域。

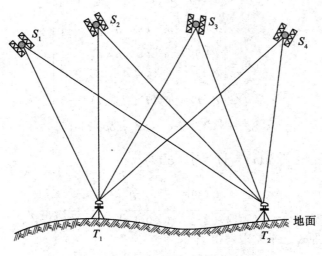

图 4-3　GPS 相对定位

4.2.2　静态绝对定位原理

静态绝对定位以卫星至观测站的伪距为观测量，根据已知的卫星瞬时坐标，同步观测至少 4 颗卫星来确定观测站的位置。静态绝对定位要求接收机静止不动，静止不动意味着在一个待定点上可取得更多的观测量，一般来说，多余观测量越多，相应的定位精度也就越高。

1. 测码伪距静态绝对定位

首先讨论只有一个观测历元的情况，假设于历元 t，所获得的伪距观测量已经电离层折射、对流层折射和卫星钟差修正，根据式（4-5），测码伪距观测方程可表示为

$$\tilde{r}_i^j(t) = \rho_i^j(t) + c\delta t_i(t) \tag{4-30}$$

式中，$\tilde{r}_i^j(t) = \tilde{\rho}_i^j(t) - \Delta_{i,\ iono}^j(t) - \Delta_{i,\ trop}^j(t)$。

为了确定观测站坐标与接收机钟差，至少需要同步观测 4 颗卫星，利用 4 个伪距观测量建立 4 个观测方程以唯一确定。当观测卫星数 n_j 多于 4 颗时，则通过最小二乘法平差计算未知参数。这时，观测方程为

$$\begin{bmatrix} \tilde{r}_i^1(t) \\ \tilde{r}_i^2(t) \\ \vdots \\ \tilde{r}_i^{n^j}(t) \end{bmatrix} = \begin{bmatrix} \rho_{i0}^1(t) \\ \rho_{i0}^2(t) \\ \vdots \\ \rho_{i0}^{n^j}(t) \end{bmatrix} - \begin{bmatrix} l_i^1(t) & m_i^1(t) & n_i^1(t) & -1 \\ l_i^2(t) & m_i^2(t) & n_i^2(t) & -1 \\ \vdots & \vdots & \vdots & \vdots \\ l_i^{n^j}(t) & m_i^{n^j}(t) & n_i^{n^j}(t) & -1 \end{bmatrix} \begin{bmatrix} \delta X_i \\ \delta Y_i \\ \delta Z_i \\ \delta \rho_i(t) \end{bmatrix} \tag{4-31}$$

式中，$\delta \rho_i(t) = c\delta t_i(t)$ 。可列出误差方程为

$$v_i(t) = a_i(t)\delta Z_i + l_i(t) \tag{4-32}$$

式中，

$$\underset{n^j \times 1}{v_i(t)} = \begin{bmatrix} v_i^1(t) & v_i^2(t) & \cdots & v_i^{n^j}(t) \end{bmatrix}^T$$

$$\underset{n^j \times 4}{a_i(t)} = \begin{bmatrix} l_i^1(t) & m_i^1(t) & n_i^1(t) & -1 \\ l_i^2(t) & m_i^2(t) & n_i^2(t) & -1 \\ \vdots & \vdots & \vdots & \vdots \\ l_i^{n^j}(t) & m_i^{n^j}(t) & n_i^{n^j}(t) & -1 \end{bmatrix}$$

$$\underset{4 \times 1}{\delta Z_i} = \begin{bmatrix} \delta X_i & \delta Y_i & \delta Z_i & \delta \rho_i(t) \end{bmatrix}^T$$

$$\underset{n^j \times 1}{l_i(t)} = \begin{bmatrix} L_i^1(t) & L_i^2(t) & \cdots & L_i^{n^j}(t) \end{bmatrix}^T$$

$$L_i^j(t) = \tilde{r}_i^j(t) - \rho_{i0}^j(t)$$

$$\rho_{i0}^j(t) = \sqrt{(X^j(t)-X_{i0})^2 + (Y^j(t)-Y_{i0})^2 + (Z^j(t)-Z_{i0})^2}$$

根据最小二乘原理，平差求解得

$$\delta Z_i = - \begin{bmatrix} a_i^T(t)a_i(t) \end{bmatrix}^{-1} \begin{bmatrix} a_i^T(t)l_i(t) \end{bmatrix} \tag{4-33}$$

解的中误差 m_z 为

$$m_z = \sigma_0 \sqrt{q_{ii}} \tag{4-34}$$

式中，σ_0 为伪距测量中误差；q_{ii} 为协因数阵 $Q_Z = \begin{bmatrix} a_i^T(t)a_i(t) \end{bmatrix}^{-1}$ 主对角线的相应元素。

由于静态绝对定位观测站固定不动，可于多个历元同步观测不同卫星，若以 n_t 表示观测的历元数，则由式(4-32)可得相应的误差方程为

$$V_i = A_i \delta Z_i + L_i \tag{4-35}$$

式中，

$$\underset{n^j n_t \times 1}{V_i(t)} = \begin{bmatrix} v_i(t_1) & v_i(t_2) & \cdots & v_i(t_{n_t}) \end{bmatrix}^T$$

$$\underset{n^j n_t \times 4}{A_i} = \begin{bmatrix} a_i(t_1) & a_i(t_2) & \cdots & a_i(t_{n_t}) \end{bmatrix}^T$$

$$\underset{4 \times 1}{\delta Z_i} = \begin{bmatrix} \delta X_i & \delta Y_i & \delta Z_i & \delta \rho_i(t) \end{bmatrix}^T$$

$$\underset{n^j n_t \times 1}{L_i} = \begin{bmatrix} l_i(t_1) & l_i(t_2) & \cdots & l_i(t_{n_t}) \end{bmatrix}^T$$

同样，按最小二乘原理，可平差求解得

$$\delta Z_i = - (A_i^T A_i)^{-1} A_i^T L_i \tag{4-36}$$

解的相应中误差仍按式（4-34）估算。

这一定位方法一般用于测量工作中的单点定位，以较精确地确定观测站在 WGS-84 中的绝对坐标。

2. 测相伪距静态绝对定位

在式（4-29）中，如果令 $\tilde{R}_i^j(t) = \lambda \varphi_i^j(t) - \Delta_{i,\,iono}^j(t) - \Delta_{i,\,trop}^j(t)$，并考虑已利用导航电文和相应的改正模型修正了卫星钟差和大气折射的影响，则式（4-29）可改写为

$$\tilde{R}_i^j(t) = \rho_{i0}^j(t) - \begin{bmatrix} l_i^j(t) & m_i^j(t) & n_i^j(t) \end{bmatrix} \begin{bmatrix} \delta X_i \\ \delta Y_i \\ \delta Z_i \end{bmatrix} + \delta \rho_i(t) - N_i^j \qquad (4\text{-}37)$$

式中，$\delta \rho_i(t) = c \delta t_i(t)$；$N_i^j = \lambda N_i^j(t_0)$。

由此不难推出，观测站于历元 t 同步观测 n_j 颗卫星所得载波相位观测量的观测方程为

$$\begin{bmatrix} \tilde{R}_i^1(t) \\ \tilde{R}_i^2(t) \\ \vdots \\ \tilde{R}_i^{n^j}(t) \end{bmatrix} = \begin{bmatrix} \rho_{i0}^1(t) \\ \rho_{i0}^2(t) \\ \vdots \\ \rho_{i0}^{n^j}(t) \end{bmatrix} - \begin{bmatrix} l_i^1(t) & m_i^1(t) & n_i^1(t) & -1 \\ l_i^2(t) & m_i^2(t) & n_i^2(t) & -1 \\ \vdots & \vdots & \vdots & \vdots \\ l_i^{n^j}(t) & m_i^{n^j}(t) & n_i^{n^j}(t) & -1 \end{bmatrix} \begin{bmatrix} \delta X_i \\ \delta Y_i \\ \delta Z_i \\ \delta \rho_i(t) \end{bmatrix}$$

$$- \begin{bmatrix} 1 & 0 & 0 & 0 \\ 0 & 1 & 0 & 0 \\ \vdots & \vdots & \vdots & \vdots \\ 0 & 0 & 0 & 1 \end{bmatrix} \begin{bmatrix} N_i^1 \\ N_i^2 \\ \vdots \\ N_i^{n^j} \end{bmatrix} \qquad (4\text{-}38)$$

可见，与测码伪距观测方程式（4-31）相比，这里仅增加了一个未知参数 N_i^j，其余待定参数与系数完全相同。而整周未知数与卫星信号被跟踪（锁定）的起始历元有关，如果观测期间不发生卫星信号失锁现象，则 N_i^j 将保持一个常数，相应的误差方程为

$$v_i(t) = a_i(t) \delta Z_i + e_i(t) N_i + l_i(t) \qquad (4\text{-}39)$$

式中，

$$\underset{n^j \times 1}{v_i(t)} = \begin{bmatrix} v_i^1(t) & v_i^2(t) & \cdots & v_i^{n^j}(t) \end{bmatrix}^T$$

$$\underset{n^j \times 4}{a_i(t)} = \begin{bmatrix} l_i^1(t) & m_i^1(t) & n_i^1(t) & -1 \\ l_i^2(t) & m_i^2(t) & n_i^2(t) & -1 \\ \vdots & \vdots & \vdots & \vdots \\ l_i^{n^j}(t) & m_i^{n^j}(t) & n_i^{n^j}(t) & -1 \end{bmatrix}$$

$$\underset{n^j \times n^j}{e_i(t)} = \begin{bmatrix} 1 & 0 & 0 & 0 \\ 0 & 1 & 0 & 0 \\ \vdots & \vdots & \vdots & \vdots \\ 0 & 0 & 0 & 1 \end{bmatrix}$$

$$\underset{4\times1}{\delta Z_i} = \begin{bmatrix} \delta X_i & \delta Y_i & \delta Z_i & \delta\rho_i(t) \end{bmatrix}^{\mathrm{T}}$$

$$\underset{n^j\times1}{N_i} = \begin{bmatrix} N_i^1 & N_i^2 & \cdots & N_i^{n^j} \end{bmatrix}^{\mathrm{T}}$$

$$\underset{n^j\times1}{l_i(t)} = \begin{bmatrix} L_i^1(t) & L_i^2(t) & \cdots & L_i^{n^j}(t) \end{bmatrix}^{\mathrm{T}}$$

$$L_i^j(t) = \tilde{R}_i^j(t) - \rho_{i0}^j(t)$$

当观测站在 n_t 个历元对不同卫星进行观测时,由上式可推导出相应的误差方程为

$$V_i = A_i\delta Z_i + E_i N_i + L_i = \begin{bmatrix} A_i & E_i \end{bmatrix}\begin{bmatrix} \delta Z_i \\ N_i \end{bmatrix} + L_i \tag{4-40}$$

式中,

$$\underset{n^j n_t\times1}{V_i(t)} = \begin{bmatrix} v_i(t_1) & v_i(t_2) & \cdots & v_i(t_{n_t}) \end{bmatrix}^{\mathrm{T}}$$

$$\underset{n^j n_t\times4}{A_i} = \begin{bmatrix} a_i(t_1) & a_i(t_2) & \cdots & a_i(t_{n_t}) \end{bmatrix}^{\mathrm{T}}$$

$$\underset{n^j n_t\times n^j}{E_i} = \begin{bmatrix} e_i(t_1) & e_i(t_2) & \cdots & e_i(t_{n_t}) \end{bmatrix}^{\mathrm{T}}$$

$$\underset{4\times1}{\delta Z_i} = \begin{bmatrix} \delta X_i & \delta Y_i & \delta Z_i & \delta\rho_i(t) \end{bmatrix}^{\mathrm{T}}$$

$$\underset{n^j\times1}{N_i} = \begin{bmatrix} N_i^1 & N_i^2 & \cdots & N_i^{n^j} \end{bmatrix}^{\mathrm{T}}$$

$$\underset{n^j n_t\times1}{L_i} = \begin{bmatrix} l_i(t_1) & l_i(t_2) & \cdots & l_i(t_{n_t}) \end{bmatrix}^{\mathrm{T}}$$

若令 $B = \begin{bmatrix} A_i & E_i \end{bmatrix}$,$X = \begin{bmatrix} \delta Z_i & N_i \end{bmatrix}^{\mathrm{T}}$,则式(4-40)按最小二乘法求解可得

$$X = -(B^{\mathrm{T}}B)^{-1}B^{\mathrm{T}}L_i \tag{4-41}$$

解的中误差 m_X 为

$$m_X = \sigma_0\sqrt{q_{ii}} \tag{4-42}$$

式中,σ_0 为伪距测量中误差;q_{ii} 为协因数阵 $Q_X = \begin{bmatrix} B^{\mathrm{T}}B \end{bmatrix}^{-1}$ 主对角线的相应元素。

虽然载波相位观测量的精度较高,但其定位精度仍受卫星轨道误差、大气折射误差等因素的影响,只有采用高精度的卫星星历,并以必要的精度对观测量进行大气折射改正后,才可能很好地发挥载波相位测量的优势。另外,采用载波相位观测量进行静态绝对定位,最关键的问题是整周未知数的确定,就这一点而言,以测码伪距作为观测量进行数据处理则相对容易。

3. 绝对定位精度评价

由式(4-36)可知,测码伪距绝对定位的权系数阵 $Q_Z = (A_i^{\mathrm{T}}A_i)^{-1}$,在空间直角坐标系中一般形式为

$$Q_Z = \begin{bmatrix} q_{11} & q_{12} & q_{13} & q_{14} \\ q_{21} & q_{22} & q_{23} & q_{24} \\ q_{31} & q_{32} & q_{33} & q_{34} \\ q_{41} & q_{42} & q_{43} & q_{44} \end{bmatrix} \tag{4-43}$$

为了估算测站点的位置精度，常采用其在大地坐标系中的表达形式。假设在大地坐标系中相应点位坐标的权系数阵为

$$Q_B = \begin{bmatrix} g_{11} & g_{12} & g_{13} \\ g_{21} & g_{22} & g_{23} \\ g_{31} & g_{32} & g_{33} \end{bmatrix} \tag{4-44}$$

根据方差与协方差传播定律可得

$$Q_B = H Q_X H^{\mathrm{T}} \tag{4-45}$$

式中，

$$Q_X = \begin{bmatrix} q_{11} & q_{12} & q_{13} \\ q_{21} & q_{22} & q_{23} \\ q_{31} & q_{32} & q_{33} \end{bmatrix}$$

$$H = \begin{bmatrix} -\sin B\cos L & -\sin B\sin L & \cos B \\ -\sin L & \cos L & 0 \\ \cos B\cos L & \cos B\sin L & \sin B \end{bmatrix}$$

由式(4-43)和式(4-44)的主对角线元素定义精度因子 DOP(Dilution of Precision)后，相应的精度可表示为

$$m_X = \mathrm{DOP} \cdot \sigma_0 \tag{4-46}$$

式中，σ_0 为等效距离误差。

常用的精度因子有：

(1)平面位置精度因子 HDOP(Horizontal DOP)。

$$m_{\mathrm{H}} = \mathrm{HDOP} \cdot \sigma_0 \tag{4-47}$$

$$\mathrm{HDOP} = \sqrt{g_{11} + g_{22}}$$

(2)高程精度因子 VDOP(Vertical DOP)。

$$m_{\mathrm{V}} = \mathrm{VDOP} \cdot \sigma_0 \tag{4-48}$$

$$\mathrm{VDOP} = \sqrt{g_{33}}$$

(3)空间位置精度因子 PDOP(Position DOP)。

$$m_{\mathrm{P}} = \mathrm{PDOP} \cdot \sigma_0 \tag{4-49}$$

$$\mathrm{PDOP} = \sqrt{q_{11} + q_{22} + q_{33}}$$

(4)接收机钟差精度因子 TDOP(Time DOP)。

$$m_{\mathrm{T}} = \mathrm{TDOP} \cdot \sigma_0 \tag{4-50}$$

$$\mathrm{TDOP} = \sqrt{q_{44}}$$

(5)几何精度因子 GDOP(Geometric DOP)。

$$m_{\mathrm{G}} = \mathrm{GDOP} \cdot \sigma_0 \tag{4-51}$$

$$\mathrm{GDOP} = \sqrt{q_{11} + q_{22} + q_{33} + q_{44}} = \sqrt{(\mathrm{PDOP})^2 + (\mathrm{TDOP})^2}$$

精度因子的大小与所测卫星的几何分布图形有关，因此，精度因子也称为观测卫星星座的图形强度因子。分析表明，GDOP 值与测站和观测卫星构成的多面体的体积 V 成反

比，即

$$GDOP \propto \frac{1}{V} \tag{4-52}$$

可见，卫星在空间分布范围越广，测站与观测卫星构成的多面体的体积越大，GDOP 值越小，观测条件越佳。

4.2.3 静态相对定位原理

静态相对定位中，安置在基线端点的接收机是固定不动的。在不同观测站同步观测相同卫星的情况下，卫星轨道误差、卫星钟差、电离层折射误差和对流层折射误差等，对不同观测站的观测量的影响具有一定的相关性，因此，可利用各观测量的不同组合进行相对定位，以有效地消除或削弱上述各项误差对定位结果的影响。同时，由于进行连续观测，取得了充分的多余观测量，因而可获得非常高的定位精度。

1. 基本观测量及其线性组合

静态相对定位一般均采用载波相位观测量作为基本观测量，如图 4-4 所示，假设安置于基线两端点的接收机 T_1 和 T_2 于历元 t_1 和 t_2 对卫星 s^j 和 s^k 进行了同步观测，得到独立的载波相位观测量 $\varphi_1^j(t_1)$、$\varphi_1^j(t_2)$、$\varphi_1^k(t_1)$、$\varphi_1^k(t_2)$、$\varphi_2^j(t_1)$、$\varphi_2^j(t_2)$、$\varphi_2^k(t_1)$、$\varphi_2^k(t_2)$。在静态相对定位中，普遍应用这些独立观测量的不同差分形式。

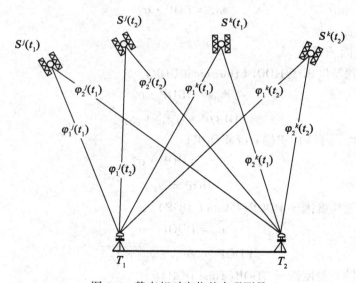

图 4-4 静态相对定位基本观测量

设 $\Delta\varphi^j(t)$、$\nabla\varphi_i(t)$ 和 $\delta\varphi_i^j(t)$ 分别表示不同接收机之间、不同卫星之间和不同观测历元之间的观测量之差，即

$$\begin{cases} \Delta\varphi^j(t) = \varphi_2^j(t) - \varphi_1^j(t) \\ \nabla\varphi_i(t) = \varphi_i^k(t) - \varphi_i^j(t) \\ \delta\varphi_i^j(t) = \varphi_i^j(t_2) - \varphi_i^j(t_1) \end{cases} \tag{4-53}$$

式中，基本观测量的一般形式由式(4-26)已知为

$$\varphi_i^j(t) = \frac{f}{c}\rho_i^j(t) + f[\delta t_i(t) - \delta t^j(t)] - N_i^j(t_0) + \frac{f}{c}[\Delta_{i,\ \mathrm{iono}}^j(t) + \Delta_{i,\ \mathrm{trop}}^j(t)] \quad (4\text{-}54)$$

在 GPS 相对定位中，常用的三种差分(线性组合)是单差、双差和三差，分别定义如下：

(1)单差，即在相同历元，不同观测站间同步观测相同卫星的观测量之差，其表达形式为

$$\Delta\varphi^j(t) = \varphi_2^j(t) - \varphi_1^j(t) \quad (4\text{-}55)$$

(2)双差，即在相同历元，不同观测站间同步观测的不同卫星所得观测量的单差之差，其表达形式为

$$\nabla\Delta\varphi^k(t) = \Delta\varphi^k(t) - \Delta\varphi^j(t) = \varphi_2^k(t) - \varphi_1^k(t) - \varphi_2^j(t) + \varphi_1^j(t) \quad (4\text{-}56)$$

(3)三差，即在不同历元，不同观测站间同步观测的不同卫星所得观测量的双差之差，其表达形式为

$$\begin{aligned}
\delta\nabla\Delta\varphi^k(t) &= \nabla\Delta\varphi^k(t_2) - \nabla\Delta\varphi^k(t_1) \\
&= [\varphi_2^k(t_2) - \varphi_1^k(t_2) - \varphi_2^j(t_2) + \varphi_1^j(t_2)] \\
&\quad - [\varphi_2^k(t_1) - \varphi_1^k(t_1) - \varphi_2^j(t_1) + \varphi_1^j(t_1)]
\end{aligned} \quad (4\text{-}57)$$

2. 单差观测方程

将式(4-54)应用于测站 T_1 和 T_2，并代入式(4-55)，可得单差观测方程

$$\Delta\varphi^j(t) = \frac{f}{c}[\rho_2^j(t) - \rho_1^j(t)] + f\Delta t(t) - \Delta N^j + \frac{f}{c}[\Delta\Delta_{\mathrm{iono}}^j(t) + \Delta\Delta_{\mathrm{trop}}^j(t)] \quad (4\text{-}58)$$

式中，

$$\begin{aligned}
\Delta t(t) &= \delta t_2(t) - \delta t_1(t) \\
\Delta N^j &= N_2^j(t_0) - N_1^j(t_0) \\
\Delta\Delta_{\mathrm{iono}}^j(t) &= \Delta_{2,\ \mathrm{iono}}^j(t) - \Delta_{1,\ \mathrm{iono}}^j(t) \\
\Delta\Delta_{\mathrm{trop}}^j(t) &= \Delta_{2,\ \mathrm{trop}}^j(t) - \Delta_{1,\ \mathrm{trop}}^j(t)
\end{aligned}$$

由式(4-58)可见，卫星钟差的影响被消除了，而两观测站接收机的相对钟差 $\Delta t(t)$ 对于同一历元同步观测量的所有单差的影响均是相同的。由于卫星轨道误差和大气折射误差对同步观测的两观测站具有一定的相关性，因此，在观测站间求单差后，它们的影响将明显减弱，尤其对于短基线($<20\mathrm{km}$)效果更为显著。

如果大气折射对观测量的影响已通过模型加以修正，那么式(4-54)中的相应项仅表示修正后的残差对观测量的影响。在组成单差后，其影响将进一步削弱，则单差观测方程式(4-58)可简化为

$$\Delta\varphi^j(t) = \frac{f}{c}[\rho_2^j(t) - \rho_1^j(t)] + f\Delta t(t) - \Delta N^j \quad (4\text{-}59)$$

由以上讨论可知，单差观测方程的优点是消除了卫星钟差的影响，同时，有效地削弱了卫星轨道误差和大气折射误差的影响，但缺点是使观测方程的个数明显减少。

3. 双差观测方程

如果在单差的基础上，再对不同卫星求差，便可得到双差观测方程。将式(4-59)应用于两颗同步观测卫星 s^j 和 s^k，并求差，可得

$$\nabla\Delta\varphi^k(t) = \frac{f}{c}\left[\rho_2^k(t) - \rho_2^j(t) - \rho_1^k(t) + \rho_1^j(t)\right] - \nabla\Delta N^k \qquad (4\text{-}60)$$

式中，

$$\nabla\Delta\varphi^k(t) = \Delta\varphi^k(t) - \Delta\varphi^j(t)$$

$$\nabla\Delta N^k = \Delta N^k - \Delta N^j$$

可见，双差观测方程进一步消除了接收机相对钟差 $\Delta t(t)$ 的影响，这是双差观测方程的重要优点。由于 GPS 接收机使用的石英钟稳定性较差，难以用模型表示。如果将每个历元的接收机钟差都作为未知数求解，将使解算基线向量的法方程中的未知数个数大大增加。使用双差模型后，接收机钟差的影响被消除了，它既不涉及钟差模型，又使法方程中未知数个数大大减少，很方便地解决了 GPS 数据处理中的一个棘手问题，所以，几乎所有的 GPS 基线解算软件，都使用双差观测模型。但双差观测方程的个数比单差观测方程更为减少，对解算精度可能造成不利影响。

4. 三差观测方程

如果进一步在双差的基础上，再对不同历元求差，便可得到三差观测方程。将式(4-60)应用于两个不同历元 t_1 和 t_2，并相减，考虑到 $\nabla\Delta N^k$ 与观测历元无关这一特点，即可得如下三差观测方程：

$$
\begin{aligned}
\delta\nabla\Delta\varphi^k(t) = &\frac{f}{c}\left[\rho_2^k(t_2) - \rho_2^j(t_2) - \rho_1^k(t_2) + \rho_1^j(t_2)\right] \\
&- \frac{f}{c}\left[\rho_2^k(t_1) - \rho_2^j(t_1) - \rho_1^k(t_1) + \rho_1^j(t_1)\right]
\end{aligned}
\qquad (4\text{-}61)
$$

三差观测方程的最主要优点是进一步消除了整周未知数的影响，但其观测方程数量比双差观测模型更为减少；并且，求三差后，相位观测值 $\delta\nabla\Delta\varphi^k(t)$ 的有效数字位大为减少，增大了计算过程的凑整误差，这些将对未知参数的解算产生不良影响。所以，三差模型求得的基线结果精度不够高，在数据处理中，只作为初解，用于协助求解整周未知数和周跳等问题。

4.2.4 整周未知数的确定与周跳分析

1. 整周未知数的确定

当卫星于 t_0 历元被跟踪后，多普勒整周计数值 $N_i^j(t - t_0)$ 可由接收机自动连续计数，因此，载波相位观测量中的 $\delta\varphi_i^j(t) + N_i^j(t - t_0)$ 可视为已知量，于是，在利用载波相位观测量进行精密定位时，整周未知数 $N_i^j(t_0)$ 的确定便成为一个关键问题。准确和快速地解算整周未知数，对于确保相对定位的高精度、缩短观测时间以提高作业效率、开拓高精度动态定位新方法等，都具有极其重要的意义。近年来，广大从事 GPS 定位测量的科技工作者对快速解算(甚至动态解算)整周未知数的问题进行了广泛深入的研究，取得了丰硕成果，大大拓宽了 GPS 的应用领域。

目前，确定整周未知数的方法有很多，若按解算所需时间的长短来分，可分为经典静态相对定位法和快速解算法，而快速解算法又包括交换天线法、P 码双频技术、滤波法、搜索法和模糊函数法等；若按确定整周未知数时 GPS 接收机所处的状态来分，又可分为静态法和动态法。上述各种快速解算法皆属于静态法的范畴。所谓动态法，是指在接收机的运动过程中确定整周未知数的方法，它是实施高精度实时动态定位的基础。

1)静态相对定位法

这种方法早在 20 世纪 80 年代初就出现了。它是将整周未知数 $N(t_0)$ 作为待定参数，在平差计算中与其他未知参数(如 δX_i、δY_i、δZ_i 等)一并求解的方法。一般是由载波相位观测值组成双差观测方程，并对观测方程进行线性化，得到误差方程，则该误差方程中仅包含待定测站的三个坐标改正数 δX_i、δY_i、δZ_i 以及整周未知数的线性组合 $\nabla\Delta N^k$ 这 4 个未知数。理论上，在两个或多个观测站同步观测 4 颗以上卫星的情况下，至少需要观测 2 个历元即可平差解算出整周未知数。但是，如果同步观测的时间太短，所测卫星的几何分布变化太小，也就是说，观测站至卫星的距离变化太小，则会降低不同历元观测结果的作用，在平差计算中，将使法方程性质变坏，影响解的可靠性，因此，利用这种方法确定整周未知数一般需要较长的观测时间(几十分钟至几小时)。由于这种方法解算精度高，常用于静态相对定位中，尤其是长距离静态相对定位。

在平差计算中，整周未知数的取值一般有两种情况，整数解(或固定解)和实数解(或浮动解、非整数解)。

(1)整数解(或固定解)：整周未知数具有整数的特性，但由于各种误差的影响，通过上述平差解得的整周未知数一般并非为整数，这时，可将其固定为整数，并作为已知量代入原观测方程重新平差，解算其他待定参数。只有当观测误差和外界误差对观测值影响较小的情况下，这种方法才有效，一般常用于短基线的相对定位。

(2)实数解(或浮动解、非整数解)：当联测基线较长时，误差的相关性降低，如果外界误差的影响较大，在两测站间求差分时，就不能较好地消除或削弱这些误差的影响，其残差将使所确定的整周未知数精度降低。这时，不再考虑整周未知数的整数特性，而取其实际解算值实数解作为最后解。在长基线相对定位中，常采用这种方法。

2)交换天线法

在观测工作开始前，先将一台接收机安置在固定参考站(基准站)上，将另一台接收机安置在相距 5~10m 的任一天线交换点上，同步观测若干历元(如 2~8 个历元)后，将两台接收机的天线从三脚架上小心取下，并互换位置，且在互换位置的过程中保持对卫星的连续跟踪，重新同步观测若干历元后，再按相同步骤把两台接收机的天线恢复到原位置。这时，把固定参考站和天线交换点间的基线向量作为起始基线向量，并利用天线交换前后的同步观测量求解起始基线向量，进而确定整周未知数，这一方法称为交换天线法，该方法解算整周未知数时间较短、精度较高，因而在准动态相对定位中得到应用。

3)P 码双频技术

由于码相位观测不受整周未知数的影响，所以，通过码相位与载波相位观测量的综合处理，在理论上，便提供了一种确定载波相位整周未知数的可能性。若在进行载波相位测量的同时，又进行码相位测量，则测码伪距观测方程式(4-5)与测相伪距观测方程式(4-27)两者求差，便可得整周未知数。

由于码相位观测量的精度较低，同时，由于电离层的弥散性质，其对码信号与载波信号传播的影响也不相同，即便采用 P 码与载波相位观测量直接比较，仍难以满足确定整周未知数的精度。因此，不能简单利用 P 码的原始观测量与载波信号观测量直接相比较求解整周未知数，必须先进行适当变换，即进行线性组合。

所谓 P 码双频技术，就是将 L_1 和 L_2 载波相位观测值进行某种线性组合，使其变成一种波长较长的组合波——宽波（或称宽巷），而将调制于载波 L_1 和 L_2 上的 P 码相位观测值，组合成虚拟 P 码窄巷相位观测值，然后将这两种组合后的相位观测值进行综合处理，来求解整周未知数的方法。

采用 P 码双频技术确定整周未知数只需观测一个历元，因此，该方法可实现整周未知数的实时解算，这对缩短相对定位的观测时间、提高作业效率、开拓其在动态相对定位中的应用具有十分重要的意义。但是，目前由于 P 码具有保密性，使这一方法的普遍应用受到了限制。

4）搜索法

1990 年，E. Frei 和 G. Beutler 提出了快速解算整周未知数方法，该方法以数理统计理论的参数估计和假设检验为基础，利用初始平差向量的解（点的坐标及整周未知数的实数解）及其精度信息（方差与协方差和单位权中误差），确定在某一置信区间，整周未知数可能的整数解的组合，然后，依次将整周未知数的每一组合作为已知值代入观测方程，重复地进行平差计算。其中，使估值的验后方差（或方差和）为最小的一组整周未知数即为所搜索的整周未知数的最佳估值。试验和后来的实践表明，采用这种方法进行短基线相对定位时，在使用双频接收机的条件下，观测数分钟便可准确求解整周未知数，并使相对定位精度达到厘米级。该方法已广泛应用于快速静态相对定位中。

2. 周跳的探测与修复

前已述及，任意时刻的载波相位实际观测量是由两部分组成的，一部分是不足整周的部分，能以极高的精度测定；另一部分是整周计数部分，只要接收机对卫星信号的跟踪不中断（失锁），接收机便会自动给出在跟踪期间载波相位整周数的变化。但是，实际工作中，往往由于某种原因，如卫星信号被暂时阻挡或外界干扰等因素的影响，引起卫星跟踪的暂时中断。这样一来，接收机对整周的计数也会随之中断。虽然当接收机恢复对该卫星的跟踪后，所测相位的小数部分将不受跟踪中断的影响，仍是连续的，但整周计数由于失去了在失锁期间载波相位变化的整周数，便不再连续了，而且使其后的相位观测量均含有相同的整周误差。这就是所谓的整周跳变现象，简称周跳。

发生周跳并不会影响载波相位观测量的不足整周部分的正确性，如果能探测出在何时发生周跳，并求出丢失的整周数，就有可能对中断后的整周计数进行改正，将其恢复为正确的计数，这一工作称为整周跳变的探测与修复。在 GPS 定位工作中，周跳的产生是难免的，特别是随着观测时间的延长，周跳会显著影响定位成果的精度，因此，在对观测数据进行平差处理前，必须对其中可能存在的周跳加以探测与修复。

1）高次差法

在观测期间，如果不发生周跳，随着卫星至接收机间距离的不断变化，载波相位观测量也将随之变化，并且变化是平滑的、有规律的。表 4-1 中列出了接收机连续多个不同历元获得的同一卫星的载波相位观测量。由于卫星相对于接收机距离的变化可使整周计数高达每秒钟数千周的变化，如果每 10 秒钟观测一次，这种变化可达数万周，不易发现数十周的周跳。为此，可对相邻观测值求高次差，以削弱站星距离变化对整周计数值的影响。通常，对相邻历元的载波相位观测量取至 4~5 次差后，距离变化对整周数的影响已可忽略，这时的差值，主要是由接收机振荡器的不稳定引起的，因而呈现偶然误差的特性，且数值为几周以下，见表 4-1。

表 4-1　　　　　　　　　　　　载波相位观测量及其高次差

历元	$\Phi_i^j(t)$	1 次差	2 次差	3 次差	4 次差
t_1	475833.2251				
		11608.7531			
t_2	487441.9784		399.8140		
		12008.5671		2.5072	
t_3	499450.5455		402.3212		−0.5795
		12410.8883		1.9277	
t_4	511861.4338		404.2489		0.9639
		12815.1372		2.8916	
t_5	524676.5710		407.1405		−0.2721
		13222.2777		2.6195	
t_6	537898.8487		409.7600		−0.4219
		13632.0377		2.1976	
t_7	551530.8864		411.9576		
		14043.9953			
t_8	565574.8817				

如果观测值中出现周跳，将破坏载波相位观测量变化的平滑性和规律性，从而使高次差的随机特性也受到破坏。假设，表 4-1 中的 t_5 历元的观测量含有 100 周的周跳，对观测量求高次差(表 4-2)，可见，求 4 次差后，其变化不再具有偶然性，且数值比产生的周跳值还要大，据此，我们能够发现产生较大周跳的地方，并对其进行修复。

表 4-2　　　　　　　　　　含有周跳影响的载波相位观测量及其高次差

历元	$\Phi_i^j(t)$	1 次差	2 次差	3 次差	4 次差
t_1	475833.2251				
		11608.7531			
t_2	487441.9784		399.8140		
		12008.5671		2.5072	
t_3	499450.5455		402.3212		100.5795*
		12410.8883		−98.0723*	
t_4	511861.4338		304.2489*		300.9639*
		12715.1372*		202.8916*	
t_5	524576.5710*		507.1405*		300.2721*
		13222.2777		−97.3805*	
t_6	537798.8487*		409.7600		99.5781*
		13632.0377		2.1976	
t_7	551430.8864*		411.9576		
		14043.9953			
t_8	565474.8817*				

发现某一历元存在周跳后，便可根据该历元前的正确观测值，利用高次插值公式外推该历元的正确整周计数；或者根据相邻的几个历元的正确相位观测量，采用 n 阶多项式拟合的方法来推求上述整周计数的正确值。

2)卫星间求差法

由于相邻历元载波相位观测值的高次差中包含接收机振荡器随机误差的影响，因此，上述方法一般只能发现较大的周跳(如大于 5 周)，而难以解决小周跳的问题。由于同步观测的多颗卫星所获得的载波相位观测值中包含了相同的接收机振荡器的随机误差影响，在卫星间求差后即可消除此项误差的影响。消除了接收机振荡器随机误差影响的单差观测值的高次差，一般残留下的值很小，就有可能发现与卫星有关的较小周跳。发现周跳后，即可利用高次插值公式外推或多项式拟合的方法推求正确的整周计数。

3）双差探测法

上述方法只能发现与卫星有关的周跳，如某颗卫星的信号被暂时中断，而其余卫星仍被连续观测，但不一定能发现与接收机有关的周跳，如由于接收机的瞬时故障而使所有卫星均发生周跳。这种情况下，可在卫星和接收机之间求双差观测值的高次差，来发现并修复产生于某台接收机的小周跳。因为双差观测值进一步消除了卫星振荡器随机误差的影响，若某台接收机于某历元发生周跳，在发生周跳的前后几个历元的高次差数值将明显增大，据此可发现产生周跳的接收机和历元。同样，可利用高次插值公式外推或用多项式拟合的方法，求得产生小周跳后的正确整周计数。

4）平差后残差探测法

经过上述处理的观测值中可能还存在一些未被发现的周跳，如来自外界瞬时干扰的小周跳。由于载波相位观测值的观测精度很高，进行平差计算后，所得残差一般很小，如果残差出现较大数值，便可发现和修复周跳。这一过程往往需要反复迭代，每次采用新获得的平差后的基线向量以及改正了周跳后的观测值进行计算，直至残差符合要求为止。这样可得到一组无周跳的"干净的"载波相位观测值。

整周跳变的产生与 GPS 接收机的质量和野外观测环境密切相关。因而在组织外业观测时，要合理选择接收机的机型、观测站的位置、卫星分布较好的观测时段，以便获得质量可靠的观测值，这是解决周跳问题的根本途径，因为一组频繁发生周跳的观测值，是很难通过内业数据处理的方法来加以修复的，仅仅是徒增内业工作量而已。

4.3　GPS 动态定位

GPS 动态定位是以卫星至观测站的伪距为观测量来确定在定位过程中处于运动状态的接收机位置的方法，主要包括动态绝对定位和动态相对定位。

4.3.1　动态定位方式

用户接收机安置于运动的载体上，确定载体瞬时绝对位置的定位方法称为动态绝对定位。动态绝对定位一般不能得到或只能得到很少多余观测量的实时解，且受到卫星轨道误差、钟差以及信号传播误差等多种因素的影响，虽然其中一些系统误差可通过模型加以削弱，但其残差影响仍不可忽略。这种定位方式被广泛应用于实时测定车辆、船舶、飞行器和航天器等运动载体的位置、速度和时间等参数，进而实现载体的定位和导航。

动态相对定位是指将一台接收机安置在基准站上固定不动，将另一台接收机安置在运动的载体上，两台接收机同步观测相同的卫星，以确定运动点相对基准站的位置。在同步观测相同卫星的情况下，卫星轨道误差、卫星钟差、电离层折射误差和对流层折射误差等，对不同观测站的 GPS 观测量的影响具有较强的相关性，特别是几十千米以下的短距离，其相关性更好，因此，可以利用各观测量的不同线形组合进行相对定位，来有效地消除或削弱上述各项误差对定位结果的影响，从而提高动态定位的精度。借助 GPS 差分定位技术，测相伪距动态相对定位精度可达厘米乃至毫米级。

依据观测量的不同，动态相对定位方式可分为几种，见表 4-3、表 4-4。

表 4-3　　　　　　　　　　**第一类：基于伪距的相对定位方式**

名称	简写	相对定位距离	观测值	采用星历	误差修正方式	精度
常规伪距差分	CDGPS	<200km	C/A 码伪距	广播星历	综合伪距误差	1~5m
广域差分系统	WADGPS	<2000km	C/A 码伪距	精密星历	卫星钟差改正、电离层改正	1~5m
广域增强系统	WAAS	全球	C/A 码伪距	精密星历	卫星钟差改正、电离层改正	1~5m
局域增强系统	LAAS	<10km	C/A 码伪距	广播星历加地基伪卫星固定星历	卫星钟差改正、电离层改正	0.1~0.5m

表 4-4　　　　　　　　　　**第二类：基于相位观测值的相对定位**

名称	简写	相对定位距离	观测值	采用星历	误差修正方式	精度
实时双差动态定位	RTK	0.005~10km	双差相位	广播星历	基准站相位误差修正	10^{-6}
网络动态实时定位	Network RTK	0.005~100km	双差相位	广播星历	网络相位误差修正	10^{-6}
全球动态定位	Global RTK	全球	相位	精密星历	卫星钟差、电离层对流层误差	0.1~0.4m

4.3.2　动态绝对定位原理

由于进行动态绝对定位，接收机处于运动状态，待定点的位置总是实时变化的，因此，一般说来，每个待定点只能获得一个历元的观测量，而在一个观测站上，需要求解 4 个未知参数（3 个坐标分量和 1 个接收机钟差），因此，每个观测历元至少需要获得 4 颗卫星的观测量，这样，便可唯一求得该历元接收机的位置。如果同步观测卫星多于 4 颗，即存在多余观测，则需进行平差计算。

1. 测码伪距动态绝对定位

假设在观测历元 t，获得 4 颗卫星的伪距观测量，并已经修正了电离层折射、对流层折射和卫星钟差的影响，根据式（4-30），测码伪距的观测方程为

$$\begin{bmatrix} \tilde{r}_i^1(t) \\ \tilde{r}_i^2(t) \\ \tilde{r}_i^3(t) \\ \tilde{r}_i^4(t) \end{bmatrix} = \begin{bmatrix} \rho_{i0}^1(t) \\ \rho_{i0}^2(t) \\ \rho_{i0}^3(t) \\ \rho_{i0}^4(t) \end{bmatrix} - \begin{bmatrix} l_i^1(t) & m_i^1(t) & n_i^1(t) & -1 \\ l_i^2(t) & m_i^2(t) & n_i^2(t) & -1 \\ l_i^3(t) & m_i^3(t) & n_i^3(t) & -1 \\ l_i^4(t) & m_i^4(t) & n_i^4(t) & -1 \end{bmatrix} \begin{bmatrix} \delta X_i \\ \delta Y_i \\ \delta Z_i \\ \delta\rho_i(t) \end{bmatrix} \tag{4-62}$$

或写为

$$a_i(t)\delta Z_i + l_i(t) = 0 \tag{4-63}$$

式中，

$$\delta\rho_i(t) = c\delta t_i(t)$$

$$a_i(t) = \begin{bmatrix} l_i^1(t) & m_i^1(t) & n_i^1(t) & -1 \\ l_i^2(t) & m_i^2(t) & n_i^2(t) & -1 \\ l_i^3(t) & m_i^3(t) & n_i^3(t) & -1 \\ l_i^4(t) & m_i^4(t) & n_i^4(t) & -1 \end{bmatrix}$$

$$\delta Z_i = \begin{bmatrix} \delta X_i & \delta Y_i & \delta Z_i & \delta\rho_i(t) \end{bmatrix}^T$$

$$l_i(t) = \begin{bmatrix} L_i^1(t) & L_i^2(t) & L_i^3(t) & L_i^4(t) \end{bmatrix}^T$$

$$L_i^j(t) = \tilde{r}_i^j(t) - \rho_{i0}^j(t)$$

$$\rho_{i0}^j(t) = \sqrt{(X^j(t) - X_{i0})^2 + (Y^j(t) - Y_{i0})^2 + (Z^j(t) - Z_{i0})^2}$$

由此可得唯一解

$$\delta Z_i = -a_i(t)^{-1}l_i(t) \tag{4-64}$$

显然，如果观测站坐标的初始值不够精确的话，在线性化的过程中略去二次微小量，就会引入一个模型误差，对解算结果可能会带来无法忽略的影响。因此，解算过程有时需要迭代进行，用改正后的初始值重新作为新的初始值进行计算，迭代过程收敛很快，一般只需迭代 2~3 次。

由于只观测 4 颗卫星，没有多余观测量，无论在精度还是可靠性方面都不及有多余观测的情况。以目前的 GPS 卫星星座配置，多数情况下都超过 4 颗。当观测卫星多于 4 颗时，可根据最小二乘原理，平差求解，此时的观测方程、误差方程、解算结果分别为式 (4-31)、式 (4-32) 和式 (4-33)。

2. 测相伪距动态绝对定位

假设观测站于历元 t 同步观测 n_j 颗卫星，由测相伪距观测方程式 (4-29) 不难推出，所得载波相位观测量的误差方程为

$$\begin{bmatrix} v_i^1(t) \\ v_i^2(t) \\ \vdots \\ v_i^{n^j}(t) \end{bmatrix} = \begin{bmatrix} l_i^1(t) & m_i^1(t) & n_i^1(t) & -1 \\ l_i^2(t) & m_i^2(t) & n_i^2(t) & -1 \\ \vdots & \vdots & \vdots & \vdots \\ l_i^{n^j}(t) & m_i^{n^j}(t) & n_i^{n^j}(t) & -1 \end{bmatrix} \begin{bmatrix} \delta X_i \\ \delta Y_i \\ \delta Z_i \\ \delta\rho_i(t) \end{bmatrix}$$

$$+ \begin{bmatrix} 1 & 0 & 0 & 0 \\ 0 & 1 & 0 & 0 \\ \vdots & \vdots & \vdots & \vdots \\ 0 & 0 & 0 & 1 \end{bmatrix} \begin{bmatrix} N_i^1 \\ N_i^2 \\ \vdots \\ N_i^{n^j} \end{bmatrix} + \begin{bmatrix} L_i^1(t) \\ L_i^2(t) \\ \vdots \\ L_i^{n^j}(t) \end{bmatrix} \tag{4-65}$$

可见，于历元 t，观测量的总数与所测卫星数 n_j 相等，而待定参数为 $4+n_j$，因此，一般来说，利用载波相位观测量进行动态绝对定位是无法获得实时解的。获得实时解的关键在于能否预先或在运动中可靠地确定整周未知数。当整周未知数准确确定，且在运动过程中，接收机保持对所测卫星的连续跟踪，整周未知数将保持为一常量，式(4-65)可简化为

$$
\begin{bmatrix} v_i^1(t) \\ v_i^2(t) \\ \vdots \\ \tilde{v}_i^{n^j}(t) \end{bmatrix} = \begin{bmatrix} l_i^1(t) & m_i^1(t) & n_i^1(t) & -1 \\ l_i^2(t) & m_i^2(t) & n_i^2(t) & -1 \\ \vdots & \vdots & \vdots & \vdots \\ l_i^{n^j}(t) & m_i^{n^j}(t) & n_i^{n^j}(t) & -1 \end{bmatrix} \begin{bmatrix} \delta X_i \\ \delta Y_i \\ \delta Z_i \\ \delta \rho_i(t) \end{bmatrix} + \begin{bmatrix} L_i^1(t) \\ L_i^2(t) \\ \vdots \\ L_i^{n^j}(t) \end{bmatrix} \tag{4-66}
$$

式中，

$$
L_i^j(t) = \tilde{R}_i^j(t) - \rho_{i0}^j(t) + \lambda N_i^j(t_0)
$$

这时，当观测卫星数 $n_j \geqslant 4$ 时，即可获得唯一的动态实时解。就观测精度而言，测相伪距显然高于测码伪距，但要求载体在运动过程中始终保持对卫星的有效跟踪，这一点在实际中不易做到，因此，实时动态绝对定位仍主要采用测码伪距作为观测量。

4.3.3 动态相对定位原理

1. 伪距差分(CDGPS)

如图4-5所示，T_1 为基准站，安置于其上的接收机固定不动，另一台接收机安置于运动的载体上，其位置 T_i 是运动变化的。由式(4-5)知，测码伪距观测方程的一般形式为

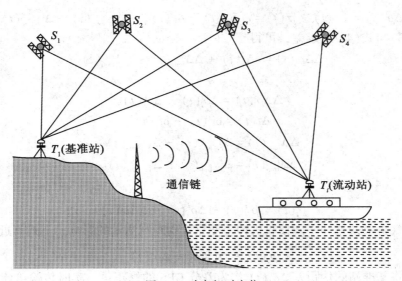

图4-5 动态相对定位

$$
\tilde{\rho}_i^j(t) = \rho_i^j(t) + c[\delta t_i(t) - \delta t^j(t)] + \Delta_{i,\,\text{iono}}^j(t) + \Delta_{i,\,\text{trop}}^j(t) \tag{4-67}
$$

将上式应用于基准站 T_1 和流动站 T_i 的同步观测量，求站间差分，并略去大气折射残

差的影响，可得单差模型

$$\Delta \tilde{\rho}^{\,j}(t) = \rho_i^{\,j}(t) - \rho_1^{\,j}(t) - c\Delta t(t) \tag{4-68}$$

式中，

$$\Delta t(t) = \delta t_i(t) - \delta t^j(t)$$

进一步，在卫星间求差，可得双差模型

$$\nabla \Delta \tilde{\rho}^{\,k}(t) = \rho_i^{\,k}(t) - \rho_1^{\,k}(t) - \rho_i^{\,j}(t) + \rho_1^{\,j}(t) \tag{4-69}$$

与动态绝对定位相同，利用测码伪距观测量的单差或双差模型进行动态相对定位，每个历元都必须至少同步观测 4 颗卫星。

如果在基准站和流动站之间建立数据传输系统，便可实时地获得流动站的瞬时位置。这时，将基准站的同步观测数据实时地传输到流动站的接收机，按式(4-68)或式(4-69)进行处理，即可实时地确定流动站相对基准站的空间位置。这种方式理论上较为严密，但实时传输的数据量较大，因而对数据传输系统的可靠性要求较为严格。在实际中，通常不直接传输基准站的伪距观测量，而是传输经基准站已知坐标计算的伪距修正量或三维坐标修正量，这时，将基准站的已知坐标代入式(4-67)，可得

$$\tilde{\rho}_1^{\,j}(t) = \rho_1^{\,j}(t) + c[\,\delta t_1(t) - \delta t^j(t)\,] + \Delta_{1,\,\mathrm{iono}}^{\,j}(t) + \Delta_{1,\,\mathrm{trop}}^{\,j}(t) \tag{4-70}$$

若取基准站的伪距观测量与计算的几何距离之差

$$\Delta \rho_1^{\,j}(t) = \tilde{\rho}_i^{\,j}(t) - \rho_i^{\,j}(t) \tag{4-71}$$

代入式(4-70)，则有

$$\Delta \rho_1^{\,j}(t) = c[\,\delta t_1(t) - \delta t^j(t)\,] + \Delta_{1,\,\mathrm{iono}}^{\,j}(t) + \Delta_{1,\,\mathrm{trop}}^{\,j}(t) \tag{4-72}$$

类似地，流动站的伪距观测量与几何距离之差为

$$\Delta \rho_i^{\,j}(t) = \tilde{\rho}^{\,j}(t) - \rho_i^{\,j}(t) = c[\,\delta t_i(t) - \delta t^j(t)\,] + \Delta_{i,\,\mathrm{iono}}^{\,j}(t) + \Delta_{i,\,\mathrm{trop}}^{\,j}(t) \tag{4-73}$$

式(4-73)与式(4-72)求差，可得

$$\Delta \Delta \rho^j(t) = c\Delta t(t) + \Delta \Delta_{\mathrm{iono}}^{\,j}(t) + \Delta \Delta_{\mathrm{trop}}^{\,j}(t) \tag{4-74}$$

式中，

$$\Delta \Delta \rho^j(t) = \Delta \rho_i^{\,j}(t) - \Delta \rho_1^{\,j}(t)$$

$$\Delta t(t) = \delta t_i(t) - \delta t_1(t)$$

$$\Delta \Delta_{\mathrm{iono}}^{\,j}(t) = \Delta_{i,\,\mathrm{iono}}^{\,j}(t) - \Delta_{1,\,\mathrm{iono}}^{\,j}(t)$$

$$\Delta \Delta_{\mathrm{trop}}^{\,j}(t) = \Delta_{i,\,\mathrm{trop}}^{\,j}(t) - \Delta_{1,\,\mathrm{trop}}^{\,j}(t)$$

考虑到式(4-73)，有

$$\rho_i^{\,j}(t) = \tilde{\rho}^{\,j}(t) - \Delta \rho_1^{\,j}(t) - \Delta \Delta \rho^j(t) \tag{4-75}$$

忽略大气折射残差和不同接收机钟差变化对伪距观测量的影响，上式可近似为

$$\rho_i^{\,j}(t) \approx \tilde{\rho}^{\,j}(t) - \Delta \rho_1^{\,j}(t) \tag{4-76}$$

一般，将基准站的伪距差 $\Delta \rho_1^{\,j}(t)$ 作为差分 GPS 的修正量，实时传输给流动站，以改正流动站接收机相应的同步伪距观测量，进而实时确定流动站的位置。这种数据处理方式简单，数据传输量小，因而应用普遍。

伪距差分由于可以消除基准站与流动站之间的公共误差，因而提高了精度，但随着距离的增大，对流层和电离层误差的公共性逐渐减弱，定位精度下降。因此，流动站离开基

准站的距离是影响定位精度的关键。

2. 载波相位差分(RTK)

利用 GPS 载波相位观测值实现厘米级的实时动态定位,就是所谓的 GPS RTK 技术,其核心是动态快速逼近解算整周未知数。这种 RTK 技术是建立在流动站与基准站误差强烈相类似这一假设的基础上的。随着基准站和流动站间距离的增加,误差类似性越来越差,定位精度就越来越低,数据通信也受作用距离拉长而干扰因素增多的影响,因此这种 RTK 技术作用距离有限(一般不超过 10~15km)。实现载波相位差分有两种方法:一种是修正法,即基准站将载波相位的修正量发送给用户,改正用户接收到的载波相位,再解算坐标;另一种是求差法,即将基准站的载波相位发送给用户,与用户站的观测值求差解算坐标。可见,修正法是准 RTK,求差法才是真正的 RTK。

求差法将基准站观测的载波相位观测值实时地发送给用户,在用户站对载波相位观测值求差,形成如单差、双差、三差求解模型,实时解算用户站坐标。其定位过程为:

(1)在初始化阶段,用户站静止观测若干历元,同时接收基准站传来的原始载波相位观测数据,按静态相对定位法求解整周未知数;

(2)将结算的整周未知数带入双差模型,观测 4~6 颗卫星 1 个历元的观测值,即可实时求解出 3 个位置坐标分量 ΔX, ΔY, ΔZ;

(3)将解算的 ΔX, ΔY, ΔZ 坐标增量加上已输入的基准站的 WGS-84 地心坐标 X_i, Y_i, Z_i, 即可实时求得用户站的地心坐标。

可见,求差法类似普通差分,同样基于两站间的卫星钟差、接收机钟差、卫星星历误差、大气折射误差等公共误差,提高了定位精度。但随着两站间距离的增大,公共误差间的相关性减弱,定位精度将降低。

3. 广域差分系统(WADGPS)

广域差分 GPS(Wide Area DGPS,WADGPS)技术的基本思想是:对 GPS 观测量的误差源加以区分,并对每一个误差源产生的误差分别加以"模型化",然后将计算出来的每一个误差源的误差修正值(差分改正值)通过数据通信链传输给用户,进而对用户 GPS 接收机的观测值误差分别加以改正,以达到削弱这些误差源误差的影响,从而改善用户 GPS 定位精度和可靠性的目的。

WADGPS 所针对的误差源主要表现在以下三个方面:

1)卫星星历误差

广播星历是一种精度较低的外推星历,其误差影响与基准站和用户站之间的距离成正比,是 GPS 定位的主要误差之一。广域差分 GPS 依据区域中基准站对卫星的连续跟踪来实现区域精密定轨,确定精密星历,取代广播星历。

2)卫星钟差

差分 GPS 利用广播星历提供的卫星钟差改正数,这种改正数近似反映卫星钟与标准 GPS 时间的差异,而残留的随机误差约有±30ns,等效伪距为±9m。广域差分 GPS 可以计算出卫星钟各时刻的精确钟差值。

3)大气延迟误差

差分 GPS 提供的综合改正值中包含基准站处的大气延迟改正,当用户站的大气电子密度和水汽密度与基准站不同时,对 GPS 信号的延迟也不一样,若使用基准站的大气延迟量来替代用户站的，必然会引起误差。广域差分 GPS 技术通过建立精确的区域大气延迟模型，能够准确地计算出其对区域内不同地方的大气延迟值。

广域差分 GPS 系统一般由一个主控站、若干个 GPS 卫星跟踪站(又称为基准站或参考站)、一个差分信号播发站、若干个监控站、相应的数据通信网络和若干个用户站组成。系统的工作流程如下：

(1)在已知精确地心坐标的若干个 GPS 卫星跟踪站上，跟踪接收 GPS 卫星的广播星历、伪距、载波相位等信息；

(2)跟踪站获得的这些信息，通过数据通信网络全部传输至主控站；

(3)在主控站计算出相对于卫星广播星历的卫星轨道误差改正、卫星钟差改正及电离层时间延迟改正；

(4)将这些改正值通过差分信号播发站(数据通信网络)传输至用户站；

(5)用户站利用这些改正值来改正其所接收到的 GPS 信息，进行 C/A 码伪距单点定位，以改善用户站 GPS 导航定位精度。

为提高系统的可用性和可靠性，可以利用地球同步卫星来增强广域差分系统，即地球同步卫星在发播广域差分三类改正数的同时，还能发播新增的 C/A 码伪距信号，以增加天空中 GPS 卫星测距信号源，称为 WAAS(Wide Area Augment System)。我国近年来不断加强卫星技术与应用方面的科学研究，并取得重大进展，可以充分利用现有的同步通信卫星播发类似 GPS 测距信号，达到增强 WADGPS 的目的。

4. 网络 RTK 定位技术

由于常规 RTK 技术受距离限制，人们为了拓展 RTK 技术的应用，网络 RTK 技术便应运而生。网络 RTK 技术也称为多基准站 RTK 技术，是近年来在常规 RTK 和差分 GPS 的基础上建立起来的一种新技术。网络 RTK 就是在一定区域内建立多个(一般为三个或三个以上)坐标为已知的 GPS 基准站，对该地区构成网状覆盖，并以这些基准站为基准，计算和发播相位观测值误差改正信息，对该地区内的卫星定位用户进行实时改正的定位方式。与常规 RTK(即单基准站)相比，该方法的主要优点为覆盖面广，定位精度高，可靠性高，可实时提供厘米级定位。我国北京、上海、武汉、深圳等十几个城市和广东、江苏等几个省已建立的连续运行卫星定位服务系统，就是采用网络 RTK 技术实现的。

网络 RTK 是由基准站、数据处理中心和数据通信链路组成的。基准站上应配备双频双码 GPS 接收机，该接收机最好能同时提供精确的双频伪距观测值。基准站的站坐标应精确已知，其坐标可采用长时间 GPS 静态相对定位等方法来确定。此外，这些站还应配备数据通信设备及气象仪器等。基准站应按规定的数据采样率进行连续观测，并通过数据通信链实时将观测资料传送给数据处理中心。数据处理中心根据流动站送来的近似坐标(可根据伪距法单点定位求得)，判断出该站位于哪三个基准站所组成的三角形内。然后根据这三个基准站的观测资料求出流动站处相位观测值的各种误差，并播发给流动用户来进行修正，以获得精确的结果。基准站与数据处理中心间的数据通信可采用数字数据网 DDN 或无线通信等方法进行，流动站和数据处理中心间的双向数据通信则可通过移动电话 GSM 等方式进行。

习题和思考题

1. GPS 的定位方式有哪些？
2. GPS 定位采用哪些观测量？
3. GPS 定位的基本原理是什么？
4. 试比较测码伪距观测方程和测相伪距观测方程的异同。
5. 什么叫做整周未知数？如何确定整周未知数？
6. 什么叫做整周跳变？如何进行周跳的探测和修复？
7. GPS 相对定位中，常用的观测量的三种差分形式是什么？它们有哪些优缺点？
8. 动态相对定位有哪些方式？
9. 简述伪距差分、RTK、广域差分 GPS、网络 RTK 的基本原理。

第 5 章　GPS 测量误差来源及其影响

☞ **教学目标**

　　GPS 卫星信号在发射、传播、接收的整个过程中均受到各种误差的影响，为了提高 GPS 定位精度，需要研究消除或减弱各项误差影响的方法和措施。通过学习本章，了解 GPS 测量误差的分类，理解各类误差的特征及其影响，掌握消除或削弱 GPS 测量误差的各种对策与措施。

5.1　GPS 测量误差的分类

　　GPS 定位中，影响观测量精度的主要误差来源分为以下三类：
　　(1)与卫星有关的误差：包括卫星星历误差、卫星钟差等；
　　(2)信号传播误差：包括电离层折射误差、对流层折射误差、多路径效应等；
　　(3)与接收设备有关的误差：包括观测误差、接收机钟差、天线相位中心位置偏差等。
　　通常把各种误差的影响投影到观测站与卫星的距离上，以相应的距离误差表示，称为等效距离偏差，见表 5-1。

表 5-1　　　　　　　　　　　　**GPS 定位误差的分类**

误差来源	误差分类	对距离测量的影响(m)
GPS 卫星	卫星星历误差 卫星钟误差 相对论效应	1.5~15
信号传播	电离层折射误差 对流层折射误差 多路径效应	1.5~15
接收设备	接收机钟差 观测误差 天线相位中心偏移	1.5~5
其他影响	地球潮汐 负荷潮	1.0

根据误差的性质分类，上述误差可分为系统误差和偶然误差。

1. 系统误差

系统性的误差主要包括卫星轨道误差、卫星钟差、接收机钟差以及大气折射的误差等。GPS 测量的主要误差来源是系统误差，系统误差的大小及其对定位结果的影响都比偶然误差要大很多。

系统误差与偶然误差相比，具有某种系统性特征，有一定的规律可循，系统误差的量级大，最大可达到数百米，可以根据产生的原因不同，采取一定的措施减弱或者修正，如建立误差改正模型，对观测量进行模型改正，选择良好的观测条件，采用恰当的观测方法等。

2. 偶然误差

偶然误差主要包括信号的多路径效应引起的误差和观测误差，此外，卫星信号发生部分的随机噪声、接收机信号接收处理部分的随机噪声等，也会产生偶然误差。偶然误差量级小，具有很大的随机性，应视情况处理。

5.2　与卫星有关的误差

与 GPS 卫星有关的误差主要包括卫星钟差和卫星的轨道误差。

5.2.1　卫星钟差

1. 卫星钟差的影响

GPS 卫星上使用的是原子钟是由主控站按照美国海军天文台（USNO）的协调世界时进行调整的。GPS 时与 UTC 在 1980 年 1 月 6 日零时对准，不随闰秒增加，时间是连续的，随着时间的积累，两者之间的差别将表现为秒的整倍数，如有需要，可由主控站对卫星钟的状态进行调整，不过这种遥控调整仍然满足不了定位所需的精度。尽管卫星上用的是高精度的原子钟，但是，由于这些钟与 GPS 标准时之间会有难以避免的频率偏差和漂移，并且包含钟的随机误差，随着时间的推移，这些偏差和漂移还会有变化，而卫星定位所需要的观测量都是以精密测时为依据的，卫星钟的误差会对测码伪距和载波相位测量产生误差。这些偏差总量在 1ms 以内，但由此产生的等效距离可达 300km。在 GPS 测量中，若要求 GPS 卫星的位置误差小于 1cm，则相应的时刻误差应小于 2.6×10^{-6}s。准确地测定观测站至卫星的距离，必须精密地测定信号的传播时间。若要距离误差小于 1cm，则信号传播时间的测定误差应小于 3×10^{-11}s。

2. 削弱卫星钟差的对策

1）采用钟差模型改正

为保证测量精度，可由主控站测出每颗卫星的钟参数，编入卫星电文发布给用户。卫星钟在时刻 t 的偏差可表示为二阶多项式形式，即

$$\Delta t^j = a_0 + a_1(t - t_{oc}) + a_2(t - t_{oc})^2 \tag{5-1}$$

式中，t_{oc} 为卫星钟修正的参考历元；a_0、a_1、a_2 分别为卫星钟的钟差、钟速（或频率偏差）、钟漂（或老化率）。

以上参数通过卫星导航电文获取，应用钟差模型改正能够保证各卫星钟之间的同步差

在 20ns 以内，由此引起的等效偏差不会超过 6m。

2）采用差分技术

想要进一步削弱卫星钟差或用钟差模型改正后的卫星钟残差，可以通过观测量的差分技术进行处理。采用单差，即在测站接收机之间求一次差分，可以进一步消除卫星钟误差。

5.2.2　卫星轨道偏差

卫星轨道偏差也称为卫星星历误差，是指卫星星历给出的卫星空间位置与卫星实际位置间的偏差，由于卫星空间位置是由地面监控系统根据卫星测轨结果计算求得的，所以又称为卫星轨道误差。它是一种起始数据误差，其大小取决于卫星跟踪站的数量及空间分布、观测值的数量及精度、轨道计算时所用的轨道模型及定轨软件的完善程度等。卫星轨道误差是当前利用 GPS 定位的重要误差源之一。

1. 卫星星历误差的影响

当把卫星位置当做已知值使用时，星历误差便成为一种起始数据的误差。对于单点定位，星历误差在测站至卫星方向上的影响（即径向分量）作为等价测距误差的形式进入平差计算，配赋到测站坐标和接收机钟差改正数中去，具体配赋方法与卫星的几何图形有关。利用广播星历，卫星星历误差对测站的影响一般可达数米、数十米。

利用两站的同步观测资料进行相对定位时，由于星历误差对两站的影响具有很大的相关性，所以在求坐标差时，共同的影响可自行消去，从而获得高精度的相对坐标。星历误差对相对定位影响的估算式为

$$\frac{\mathrm{d}b}{b} = \frac{\mathrm{d}\rho}{\rho} \tag{5-2}$$

式中，b 为基线长度；$\mathrm{d}b$ 为卫星星历误差所引起的基线误差；ρ 为卫星至测站的距离；$\mathrm{d}\rho$ 为星历误差；$\frac{\mathrm{d}\rho}{\rho}$ 为卫星星历的相对误差。

若基线测量的允许误差为 1cm，取卫星距地面的最大距离为 25000km，当基线长度不同时，允许的轨道误差大致如表 5-2 所示。可见，随着基线长度的增加，卫星轨道误差将成为影响定位的主要因素。因此，对于长距离、高精度的 GPS 测量，需要采用精密星历。

表 5-2　　　　　　　　　　　　　　　基线长度与允许轨道误差

基线长度（km）	基线相对误差（10^{-6}）	允许轨道误差（m）
1	10	250
10	1	25
100	0.1	2.5
1000	0.01	0.25

2. 削弱卫星星历误差的对策

1）建立卫星跟踪网独立定轨

GPS 卫星是高轨卫星，区域性的跟踪网也能获得很高的定位精度，所以许多国家和

组织都在建立自己的 GPS 卫星跟踪网开展独立的定位工作。如果跟踪站的数量和分布选择得当，实测星历还可能达到 10^{-7} 量级的精度，这对提高精密定位的精度将起到显著的作用。根据实测星历外推，还可以为实时定位用户提供较为准确的预报星历。

2）采用轨道松弛法

所谓轨道松弛法，就是在平差模型中把卫星星历给出的卫星轨道视为未知数纳入平差模型。通过平差，同时求得测站位置以及轨道偏差改正数，常用的轨道松弛法有半短弧法和短弧法。这种方法具有一定的局限性，因而它不宜作为 GPS 定位中的一种基本方法，只适用于无法获取精密星历情况下所采取的补救措施。

3）相对定位

相对定位也就是同步观测值求差，这一方法是利用在两个或多个观测站上，对同一卫星的同步观测值求差。由于星历误差对不同测站的影响具有系统性，所以，通过星间求差，可以有效减弱卫星星历误差的影响，尤其当基线较短时，更为有效。这种方法对精密相对定位具有极其重要的意义。

5.3　与卫星信号传播有关的误差

与卫星信号传播有关的误差包括信号穿越大气中的电离层和对流层时产生的延迟以及信号反射产生的多路径效应。

5.3.1　电离层延迟

1. 电离层及其影响

电离层是指地球上空距离地面高度为 50~1000km 的大气层。电离层中的气体分子由于受到太阳等各种天体射线辐射的影响，会产生强烈的电离，形成大量的自由电子和正离子。当 GPS 信号通过电离层时，信号的传播路径会发生弯曲，传播速度也会发生变化，此时，用信号的传播时间乘以真空中的光速而得到的距离不等于卫星到接收机之间的几何距离，这种变化称为电离层延迟。

电离层含有较高密度的电子，属于弥散性介质，电磁波受电离层折射的影响与电磁波的频率以及电磁波传播途径上电子总含量有关。理论证明，电离层的群折射率为

$$n_G = 1 + 40.28 N_e f^{-2} \tag{5-3}$$

而群速为

$$v_G = \frac{c}{n_G} = c(1 - 40.28 N_e f^{-2}) \tag{5-4}$$

式中，N_e 为电子密度（每立方米的电子数）；f 为信号的频率（Hz）；c 为真空中的光速。

进行伪距测量时，调制码就是以群速 v_G 在电离层中传播的。若伪距测量中测得信号的传播时间为 Δt，则卫星至接收机的真正距离 s 为

$$s = \int_{\Delta t} v_G \mathrm{d}t$$

$$= \int_{\Delta t} c(1 - 40.28 N_e f^{-2}) \mathrm{d}t$$

$$= c\Delta t - c\frac{40.28}{f^2}\int_{s'} N_e \mathrm{d}s$$

$$= \rho - c\frac{40.28}{f^2}\int_{s'} N_e \mathrm{d}s \tag{5-5}$$

式中，$\int_{s'} N_e \mathrm{d}s$ 表示沿信号传播路径 s' 对电子密度 N_e 进行积分，即电子总量。

上式表明，正确的距离 s 包括两部分，一部分是真空中光速乘以信号传播时间，另一部分则是电离层改正项

$$\Delta_{i,\,\mathrm{iono}}^{j} = -c\frac{40.28}{f^2}\int_{s'} N_e \mathrm{d}s \tag{5-6}$$

应该明确的是，电离层中的相折射率与群折射率是不同的。码相位测量和载波相位测量应分别采用群折射和相折射。所以，载波相位测量时电离层折射改正数和伪距测量时的改正数是不同的，两者大小相等，符号相反。

从式(5-6)可以看出，求电离层折射改正数的关键在于求电子密度 N_e。可是，电子密度随着距离地面的高度、时间变化、太阳活动程度、季节不同、测站位置等多种因素而变化。据有关资料分析，电离层电子密度白天约为晚上的 5 倍；一年中，冬季约为夏季的 4 倍；太阳黑子活动最激烈的时候可为最小时的 4 倍。目前还无法用一个严格的数学模型来描述电子密度的大小和变化规律。因此，不可直接用式(5-6)来求解电离层改正数的值。

2. 削弱电离层影响的对策

对于电离层折射的影响，可通过以下解决途径加以削弱：

1) 相对定位

利用两台接收机在基线的两端进行同步观测并取其观测量之差，可以减弱电离层折射的影响。当测站间的距离相差不太远时，由于卫星至两观测站电磁波传播路径上的大气状况很相似，因此，可以通过同步观测量求差的方式削弱电离层延迟的影响。这种方法对于短基线(20km 以内)的效果很明显，这时经电离层折射改正后基线长度的残差一般不超过 1×10^{-6}。所以，在 GPS 测量中，对于短距离的相对定位，使用单频接收机也能达到相当高的精度。

2) 双频观测

从式(5-6)可以看出，$\Delta_{i,\,\mathrm{iono}}^{j}$ 和信号频率 f 的平方成反比。如果用双频接收机分别接收 GPS 卫星发射的 L_1 和 L_2 两个载波频率($f_1 = 1575.42\mathrm{MHz}$ 和 $f_2 = 1227.60\mathrm{MHz}$)，则两个不同频率的信号就会沿同一路径到达接收机。虽然无法准确知道电磁波经过电离层时由于折射率的变化将引起传播路径的延迟，但 $\int_{s'} N_e \mathrm{d}s$ 对这两个频率的信号却是相同的。若令 $A = -c \cdot 40.28\int_{s'} N_e \mathrm{d}s$，则载波相位测量的电离层折射改正数可写成 $\Delta_{i,\,\mathrm{iono}}^{j} = \dfrac{A}{f^2}$ 的形式，根据式(5-5)，卫星到接收机的真实距离为

$$\left. \begin{aligned} s &= \rho_1 + \frac{A}{f_1^2} \\ s &= \rho_2 + \frac{A}{f_2^2} \end{aligned} \right\} \tag{5-7}$$

将两式相减，有

$$\Delta\rho = \rho_1 - \rho_2 = \frac{A}{f_1^2} - \frac{A}{f_2^2} = \frac{A}{f_1^2}\left(\frac{f_1^2 - f_2^2}{f_2^2}\right) = \Delta_{i,\,\text{ionol}}^j\left(\frac{f_1^2}{f_2^2} - 1\right) = 0.6469\Delta_{1,\,\text{iono}}^j \tag{5-8}$$

可得

$$\left.\begin{array}{l}\Delta_{1,\,\text{iono}}^j = 1.54573(\rho_1 - \rho_2)\\[2mm]\Delta_{2,\,\text{iono}}^j = 2.54573(\rho_1 - \rho_2)\end{array}\right\} \tag{5-9}$$

用调制在两个载波上的 P 码测距时，只有电离层折射影响不同，其余误差影响相同，所以上式中的 $(\rho_1 - \rho_2)$ 也等于用 P_1 和 P_2 码所测伪距之差（$\tilde{\rho}_1 - \tilde{\rho}_2$），所以，采用双频接收机进行伪距测量，就能利用电离层折射和信号频率有关的特性，由两个测码伪距观测值求得电离层折射改正量，得

$$\left.\begin{array}{l}s = \rho_1 + \Delta_{1,\,\text{iono}}^j = \rho_1 + 1.54573\Delta\rho = \rho_1 + 1.54573(\tilde{\rho}_1 - \tilde{\rho}_2)\\[2mm]s = \rho_2 + \Delta_{2,\,\text{iono}}^j = \rho_2 + 2.54573\Delta\rho = \rho_2 + 2.54573(\tilde{\rho}_1 - \tilde{\rho}_2)\end{array}\right\} \tag{5-10}$$

正因如此，双频 GPS 接收机在精密定位中得到了广泛应用。

双频载波相位测量观测值的电离层折射改正与上述分析类同，只是和测码伪距测量时的改正数有两点区别：一是电离层折射改正的符号相反；二是要引入整周未知数 N_0。

3）利用电离层模型加以改正

采用双频接收技术，可以有效地减弱电离层折射的影响，但在电子含量很大、卫星高度角较小时，其误差可能达到几个厘米。为了满足更高精度的 GPS 测量要求，Fritzk、Brunner 等人提出的电离层延迟改正模型在任何情况下，其精度均优于 2mm。

对于单频接收机，一般采用导航电文提供的电离层延迟模型加以改正，以减弱电离层的影响。由于影响电离层折射的因素很多，无法建立严格的数学模型，用目前所提供的模型，可将电离层延迟影响减少 75%左右。

4）选择有利观测时段

由于电离层的影响与信号传播路径上的电子总数有关，因此选择最佳的观测时段，避免在太阳辐射强烈的正午观测，可达到削弱电离层影响的目的。

5.3.2　对流层延迟

1. 对流层及其影响

对流层是高度为 50km 以下的大气底层，大气层 99%的质量都集中在此层中。由于大气密度比电离层更大，大气状态变化也更复杂。对流层与地面接触并从地面得到辐射热能，其温度随高度的上升而降低。对流层中虽有少量带点离子，但对电磁波传播影响不大，不属于弥散介质，电磁波在对流层中的传播速度与频率无关。GPS 信号通过对流层时，会使传播的路径发生折射弯曲，从而使测量距离产生偏差，这种现象称为对流层折射。一般将对流层中大气折射 N 分为干分量和湿分量两部分。大气折射干分量 N_d 与大气的温度和气压有关，湿分量 N_w 与信号传播路径上的水汽分压和温度有关，它们存在如下关系：

$$N = N_\text{d} + N_\text{w} = 77.6\frac{p}{T} + 77.6 \times 4810\frac{e}{T^2} \tag{5-11}$$

式中，p 为大气压力（mbar）；T 为绝对温度（度）；e 为水汽分压（mbar）。

这说明，为了计算 N，必须建立一个根据测站上气象元素（T_s，p_s，e_s）计算空中各点气象元素的数学模型。下面直接给出计算对流层改正的霍普菲尔德经验模型：

$$\Delta s = \Delta s_d + \Delta s_w = \frac{K_d}{\sin (E^2 + 6.25)^{\frac{1}{2}}} + \frac{K_w}{\sin (E^2 + 2.25)^{\frac{1}{2}}} \tag{5-12}$$

式中，E 为卫星的高度角（°）；K_d、K_w 分别为卫星位于天顶方向时（$E = 90°$）的对流层干气改正和湿气改正，其计算式为

$$\left. \begin{array}{l} K_d = 155.2 \times 10^{-7} \dfrac{P_s}{T_s}(h_d - h_s) \\[3mm] K_w = 155.2 \times 10^{-7} \dfrac{4810}{T_s^{\ 2}}e_s(h_w - h_s) \end{array} \right\} \tag{5-13}$$

其中，h_s 为测站的高程；h_d 为当 N_d 趋近于 0 时的高程值（$\approx 40km$）；h_w 为当 N_w 趋近于 0 时的高程值（$\approx 10km$）。

它们可按下式计算：

$$\left. \begin{array}{l} h_d = 40136 + 148.72(T_s - 273.16) \\ h_w = 11000 \end{array} \right\} \tag{5-14}$$

式中，温度均采用绝对温度，气压和水汽压以 mbar 为单位；Δs、h_s、h_d、h_w 单位为 m。

当卫星处于天顶方向时，对流层干分量对距离观测值的影响约占对流层影响的 90%，其影响量可利用地面的大气资料计算，对距离的影响可达 2.3m。湿分量的影响量值较小，但无法靠地面观测站来确定传播路径上的大气参数，因而湿分量也无法精确测定，从而成为高精度基线测量的主要误差之一。

2. 减弱对流层影响的措施

1）利用对流层模型改正

实测地区气象资料，利用模型进行改正，能减少对流层对电磁波的延迟达 92%~93%。

2）同步观测值求差

当两个测站相距不太远时（<20km），基线较短，气象条件较稳定，两个测站的气象条件一致，由于信号通过对流层的路径相似，所以利用基线两端同一卫星同步观测量求差，可以明显地减弱对流层折射的影响。目前，对短基线、精度要求不是很高的基线测量，只用相对定位即可达到要求。同时，这一方法在精密相对定位中也被广泛应用。但是，随着同步观测站之间距离的增大，求差法的有效性也将随之降低。当距离>100km 时，对流层折射的影响是制约 GPS 定位精度提高的重要因素。

5.3.3 多路径效应

在 GPS 测量中，被测站附近的物体所反射的卫星信号（反射波）被接收机天线所接收，与直接来自卫星的信号（直接波）产生干涉，从而使观测值偏离真值产生多路径误差。这种由于多路径的信号传播引起的干涉时延效应叫做多路径效应，如图 5-1 所示。

多路径效应的影响随天线周围反射面的性质而异，无法控制。物面反射信号的能力可用反射系数 α 来表示，$\alpha = 0$ 表示信号完全被吸收不反射；$\alpha = 1$ 表示信号完全反射不吸收。

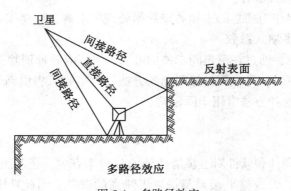

图 5-1　多路径效应

表 5-3 给出了不同发射物面对频率为 2GHz 的微波信号的反射系数。

表 5-3　　　　　　　　　　　　　　　　**反射系数**

水面		稻田		野地		森林山地	
α	损耗（dB）	α	损耗（dB）	α	损耗（dB）	α	损耗（dB）
1.0	0	0.8	2	0.6	4	0.3	10

多路径效应的影响与反射系数有关，也和反射物与天线的距离以及卫星信号方向有关，无法建立准确的误差改正模型。目前减弱多路径误差的方法有：

（1）选择合适的站址，测站应远离大面积平静的水面，较好的站址可选在地面有草丛、农作物等植被能较好吸收微波信号能量的地方，不宜选择在山坡、山谷和盆地中，应尽量远离高层建筑物。

（2）在天线中设置抑径板，接收机天线对于极化特性不同的反射信号应有较强的抑制作用，改进接收机的电路设计，减弱多路径效应影响。

（3）适当延长观测时间，减弱多路径效应的周期性影响。

（4）在数据处理时采用加权法、滤波法、信号分析法等，以削弱多路径误差的影响。

5.4　与接收机有关的误差

在 GPS 定位误差中，与接收设备有关的误差主要有接收机钟差、天线相位中心偏差、接收机的位置误差和几何图形强度误差等。

5.4.1　接收机钟差

在 GPS 测量时，为了保证实时导航定位的需要，卫星钟必须具有极好的长期稳定度。而接收机钟只需在一次定位的期间内保持稳定，所以一般使用短期稳定度较好、便宜轻便的石英钟，其稳定度约为 10^{-11}。如果接收机钟与卫星钟间的同步差为 $1\mu s$，则由此引起的等效距离误差约为 300m。

减弱接收机钟差的方法有：

(1)将接收机钟差作为独立的未知数在数据处理中求解，或将接收机钟差表示为多项式的形式，平差求解多项式系数。

(2)在相对定位中，通过在卫星间求差的方法，可以有效地消除接收机钟差。

(3)在高精度定位时，可采用外接频标的方法，为接收机提供高精度的时间标准，如外接铯钟、铷钟等，这种方法常用于固定站。

5.4.2 观测误差

观测误差与仪器硬件和软件对卫星能达到的分辨率有关，还与天线的安置精度有关，即存在天线对中误差、天线整平误差及量取天线高的误差。因此精密定位中注意整平天线，仔细对中。

1. 卫星信号分辨误差

一般认为，卫星信号观测能达到的分辨误差为信号波长的1%，各种不同观测误差见表5-4。适当地增加观测量，可有效减弱其影响。

表 5-4 观测误差

信号	波长	观测误差
P 码	29.3m	0.3m
C/A 码	293m	2.9m
载波 L_1	19.05m	2.0mm
载波 L_2	2.5m	2.5mm

2. 天线安置误差

观测误差与天线的安置精度有关，即存在天线对中误差、天线整平误差及量取天线高的误差。例如，天线高1.6m，若置平误差为0.1°，则对中影响为3mm。所以，在精密定位中，应注意整平天线，仔细对中。在一些精度要求高的GPS测量中(如变形监测)，可以使用强制对中装置。

5.4.3 天线相位中心偏差

在GPS测量中，观测值都是以接收机天线的相位中心位置为准的，所以天线的相位中心与其几何中心理论上应保持一致。而实际上，接收机天线接收到的GPS信号是来自四面八方的，随着GPS信号方位和高度角的变化，接收机天线的相位中心的位置也在发生变化。这种偏差视天线性能的好坏，可达数毫米至数厘米，它对精密相对定位也是不容忽视的。所以，如何减少相位中心的偏移，是天线相位设计中的一个重要问题。在天线设计时，应尽量减少这一误差(一般控制在5mm之内)，并且要求在天线盘上指定指北方向。这样，在相对定位时，可以通过求差削弱相位中心偏差的影响。

在实际工作中，如果使用同一类型的天线，在相距不远的两个或者多个观测站上同步观测了同一组卫星，便可以通过观测值求差来削弱相位中心偏移的影响。不过，这时各测站的天线均应按天线附有的方位标志进行定向，根据仪器说明书，罗盘指向磁北极，其定向偏差应在 3° 以内。

5.5　其他误差来源

5.5.1　地球自转的影响

GPS 定位采用的坐标是协议地球坐标系，若某一时刻该卫星从其瞬时空间位置向地面发射信号，当地面接收机接收到卫星信号时，与地球固连的协议坐标系相对于卫星发射瞬间的位置已产生了旋转(绕 z 轴旋转)，这样，接收到的信号会有时间延迟，这个延迟与地球自转速度有关，故称为地球自转的影响。

若地球自转速度为 ω，在时间延迟 δt 内旋转角度为 $\Delta\alpha$，则

$$\Delta\alpha = \omega\delta t \tag{5-15}$$

由此引起的卫星坐标变化为

$$\begin{bmatrix} \Delta x_s \\ \Delta y_s \\ \Delta z_s \end{bmatrix} = \begin{bmatrix} 0 & \sin\Delta\alpha & 0 \\ -\sin\Delta\alpha & 0 & 0 \\ 0 & 0 & 0 \end{bmatrix} \begin{bmatrix} x_s \\ y_s \\ z_s \end{bmatrix} \tag{5-16}$$

式中，x_s、y_s、z_s 为卫星瞬时坐标。

由于卫星信号传播速度很快，$\Delta\alpha < 1.5''$，因此，当取至一次微小项时，式(5-16)可简化为

$$\begin{bmatrix} \Delta x_s \\ \Delta y_s \\ \Delta z_s \end{bmatrix} = \begin{bmatrix} 0 & \Delta\alpha & 0 \\ -\Delta\alpha & 0 & 0 \\ 0 & 0 & 0 \end{bmatrix} \begin{bmatrix} x_s \\ y_s \\ z_s \end{bmatrix} \tag{5-17}$$

这项改正只有在高精度定位中才考虑。

5.5.2　相对论效应的影响

相对论效应是由于卫星钟和接收机钟所处的状态(运动速度和引力位)差异而引起卫星钟和接收机钟之间产生相对钟误差的现象。卫星在高空轨道运行时，由于狭义相对论和广义相对论效应的影响，卫星钟频率与地面静止钟相比，发生频率偏移，这种频率偏移带来的误差在精密定位中不可忽略。

根据狭义相对论，一个频率为 f 的震荡器安装在飞行的载体上，由于载体的运动，对于地面的观测者而言，将产生频率偏移。所以，地面上频率为 f_0 的时钟安设在以速度为 v_s 运动的卫星上，将发生频率变化为

$$\Delta f_1 = -\frac{v_s^2}{2c^2} \cdot f_0 \tag{5-18}$$

式中，c 为光速。

可见，在狭义相对论的影响下，安装在卫星上的时钟会变慢。卫星运行速度已知为

$$v_s^2 = ga_m \frac{a_m}{R_s} \tag{5-19}$$

则

$$\Delta f_1 = -\frac{ga_m}{2c^2}\left(\frac{a_m}{R_s}\right)f_0 \tag{5-20}$$

式中，g 为地面重力加速度；a_m 为地球平均半径；R_s 为卫星轨道平均半径。

另外，根据广义相对论，处于不同等位面的震荡器，其频率 f_0 将由于引力位不同而产生变化，这种现象称为引力频移，为

$$\Delta f_2 = \frac{\Delta W}{c^2}f_0 \tag{5-21}$$

式中，ΔW 为不同等位面的位差，$\Delta W = ga_m\left(1 - \frac{a_m}{R_s}\right)$。

此时，卫星钟的引力频移可表示为

$$\Delta f_2 = \frac{ga_m}{c^2}\left(1 - \frac{a_m}{R_s}\right)f_0 \tag{5-22}$$

在广义相对论和狭义相对论的综合影响下，卫星钟频变化为

$$\Delta f = \Delta f_1 + \Delta f_2 = \frac{ga_m}{c^2}\left(1 - \frac{3a_m}{2R_s}\right)f_0 \tag{5-23}$$

卫星钟标准频率为 $f_0 = 10.23\text{MHz}$，所以 $\Delta f = 0.00455\text{Hz}$，这说明卫星钟比其安置在地面上要快，每秒约差 0.45ms。所以，通常预先把卫星钟的标准频率降低 $4.5\times10^{-3}\text{Hz}$，这样，当这些卫星钟进入轨道受到相对论效应的影响后，频率正好变为标准频率 10.23MHz。

但是，由于地球运动、卫星轨道高度变化及地球重力场变化，Δf 不是常数，其残差对卫星钟差的影响为

$$\delta t = -4.443 \times 10^{-10}e_s\sqrt{a_s}\sin E_s \tag{5-24}$$

式中，e_s 为卫星轨道偏心率；a_s 为卫星轨道长半轴；E_s 为卫星轨道偏近点角。

对卫星钟速度的影响为

$$\delta \dot{t} = -4.443 \times 10^{-10}e_s\sqrt{a_s}\frac{n\cos E_s}{1 - e_s\cos E_s} \tag{5-25}$$

相对论残差影响，GPS 时间最大可达 70ns，对卫星钟速影响可达 0.01ns/s，对精密定位仍不可完全忽略。

应当指出，除上述各误差外，在 GPS 定位中卫星钟和接收机钟振荡器的随机误差、大气折射模型和卫星轨道摄动模型的误差、地球潮汐等，都会对 GPS 的观测量产生影响。研究各类误差来源、影响规律和改正方法，对于长距离相对定位具有重要意义。

习题和思考题

1. GPS 测量中的误差来源有哪些？

2. 如何削弱卫星钟差的影响？

3. 卫星轨道误差对精密定位有何影响？如何削弱其产生的影响？

4. 减弱电离层折射影响的有效措施有哪些？

5. 减弱对流层折射影响的有效措施有哪些？

6. 什么是多路径效应？如何防止？

7. 削弱接收机钟差影响的有效方法有哪些？

第 6 章　GPS 测量的设计与实施

☞ **教学目标**

与常规测量工作过程类似，GPS 测量实施的工作程序可分为技术设计、外业实施和数据处理三个阶段。通过学习本章，理解 GPS 控制网的优化设计，掌握同步图形扩展式的布网形式，能利用 GPS 接收机进行静态定位和实时动态定位(RTK)，了解网络 RTK，熟悉外业数据质量的检核，掌握技术设计书和技术总结的编写。

6.1　GPS 测量的技术设计

在布设 GPS 网时，技术设计是非常重要的，它依据 GPS 测量的用途、用户需求，按照国家及行业主管部门颁布的有关规范(规程)，对网形、精度、基准、作业纲要等做出具体规定，提供了布设和实施 GPS 网的技术准则。

6.1.1　技术设计的依据

GPS 测量的主要技术依据有：

1. 测量任务书或合同书

测量任务书是测量单位的上级事业性单位主管部门下达的具有强制约束力的文件。测量合同书是由业主方(或上级主管部门)与测量实施单位所签订的合同。进行技术设计时，要依据测量任务书或合同书所规定的任务的目的、用途、范围、精度、密度等，提出 GPS 网的精度、密度和经济指标，确定布网形式、观测方案。

2. GPS 测量规范(规程)

(1)2009 年中华人民共和国国家质量监督检验检疫总局、中国国家标准化管理委员会发布的国家标准《全球定位系统(GPS)测量规范》GB/T 18314—2009；

(2)2010 年住房和城乡建设部发布的行业标准《卫星定位城市测量规范》CJJ/T 73—2010；

(3)2010 年国家测绘局发布的行业标准《全球定位系统实时动态(RTK)测量技术规范》CH/T 2009—2010；

(4)2009 年国家测绘局发布的行业标准《全球导航卫星系统(GNSS)测量型接收机 RTK 检定规程》CH/T 8018—2009；

(5)1995 年国家测绘局发布的行业标准《全球定位系统(GPS)测量型接收机检定规程》CH 8016—1995；

(6)各行业部门的其他 GPS 测量规程或细则。

3. 测绘产品的生产定额、成本定额和装备标准

6.1.2　精度和密度设计

1. GPS 测量的精度标准及分级

对于 GPS 网的精度要求，主要取决于网的用途。根据 2009 年发布的国家标准《全球定位系统（GPS）测量规范》GB/T 18314—2009，GPS 控制网按其精度划分为 A、B、C、D、E 五个等级。其中，A 级主要用于建立国家一等大地控制网，进行全球性的地球动力学研究、地壳形变测量和精密定轨等；B 级主要用于建立国家二等大地控制网，建立地方或城市坐标基准框架、区域性的地球动力学研究、地壳形变测量、局部形变监测和各种精密工程测量等；C 级主要用于建立三等大地控制网，建立区域、城市及工程测量的基本控制网；D 级主要用于建立四等大地控制网；用于中小城市、城镇以及测图、地籍、土地信息、房产、物探、勘测、建筑施工等的控制测量应满足 D、E 级 GPS 测量的精度要求。

A 级 GPS 网由卫星定位连续运行基准站构成，其精度应不低于表 6-1 中的要求，B、C、D、E 级 GPS 网的精度应不低于表 6-2 中的要求。

表 6-1　　　　　　　　　　　　**A 级 GPS 网精度要求**

级别	坐标年变化率中误差		相对精度	地心坐标各分量年平均中误差（mm）
	水平分量（mm/a）	垂直分量（mm/a）		
A	2	3	1×10^{-8}	0.5

表 6-2　　　　　　　　　　**B、C、D、E 级 GPS 网精度要求**

级别	相邻点基线分量中误差		相邻点间平均距离（km）
	水平分量（mm）	垂直分量（mm）	
B	5	10	50
C	10	20	20
D	20	40	5
E	20	40	3

用于建立国家二等大地控制网和三、四等大地控制网的 GPS 测量，在满足表 6-2 中规定的 B、C、D 级精度要求的基础上，其相对精度应分别不低于 1×10^{-7}、1×10^{-6}、1×10^{-5}。各级 GPS 网点相邻点的 GPS 测量大地高差的精度，应不低于表 6-2 中规定的各级相邻点基线垂直分量的要求。

精度标准是 GPS 设计中的一个重要指标，在实际设计中，也可综合用户实际需要、设备条件、作业经验等，进行合理设计。

2. GPS 点的密度设计

国标对各级 GPS 网的相邻点间距离做了相应规定，要求各级 GPS 网点位应均匀分布，相邻点间距离最大不宜超过该网平均点间距的 2 倍。

6.1.3 基准设计

通过 GPS 测量，可以获得地面点间的 GPS 基线向量，它属于 WGS-84 坐标系的三维坐标差。在实际工程应用中，有时需要的是某一特定坐标系下的坐标，因此，对于一个 GPS 测量工程，在技术设计阶段必须明确 GPS 成果所采用的坐标系统和起算数据，即明确 GPS 网所采用的基准。通常将这项工作称为 GPS 网的基准设计。

GPS 网的基准包括位置基准、方位基准和尺度基准。为了确定 GPS 网中各个点在某一特定坐标系统下的绝对坐标，需要提供位置基准、方位基准和尺度基准，而一条 GPS 基线向量只含有在 WGS-84 下的水平方位、垂直方位和尺度信息，通过多条 GPS 基线向量，可以提供网的方位基准和尺度基准。由于 GPS 基线向量中不含有确定网中各点绝对坐标的位置基准信息，因此，仅凭 GPS 基线向量所提供的基准信息，是无法确定出网中各点的绝对坐标的。而通常布设 GPS 网的主要目的是确定网中各个点在某一特定局部坐标系下的坐标，这就需要从外部引入位置基准，这个外部基准通常是通过一个以上的起算点来提供的。网平差时可利用所引入的起算数据来计算出网中各点的坐标。因此，GPS 网的基准设计实质上主要是指确定网的位置基准问题。

在进行 GPS 网的基准设计时，应考虑以下几个问题：

(1)应在地面坐标系中选定起算数据和联测原有地方控制点若干个，用以转换坐标。

(2)对 GPS 网内重合的高等级国家点或原城市等级控制点，除未知点联结图形观测外，对它们也要适当地构成长边图形。

(3)联测的高程点需均匀分布于网中，对丘陵或山区联测高程点，应按高程拟合曲面的要求进行布设。

(4)新建 GPS 网的坐标应尽可能与测区过去采用的坐标一致。

6.1.4 图形设计

由于 GPS 测量仪器及方法与经典的大地测量仪器及方法有不同之处，进行 GPS 网图形设计前，需介绍有关 GPS 网构成的概念及网的特征条件计算方法。

1. GPS 网图形构成的几个基本概念

(1)观测时段(observation session)：从测站上开始接收卫星信号到停止接收，连续观测的时间间隔，简称时段。

(2)同步观测(simultaneous observation)：两台或两台以上接收机同时对同一组卫星进行的观测。

(3)同步观测环(simultaneous observation loop)：三台或三台以上接收机同步观测所获得的基线向量构成的闭合环。

(4)独立观测环(independent observation loop)：由独立观测所获得的基线向量构成的闭合环，简称独立环。

(5)异步观测环(non-simultaneous observation loop)：在构成多边形环路的所有基线向量中，只要有非同步观测基线向量，则该多边形环路叫做异步观测环，简称异步环。

(6)独立基线(independent baseline)：对于 N 台 GPS 接收机构成的同步观测环，有 J

条同步观测基线，其中独立基线数为 $N-1$。

2. GPS 网特征条件的计算

观测时段数：

$$C = \frac{m}{N} \cdot n \tag{6-1}$$

式中，C 为观测时段数；n 为网点数；m 为每点设站次数；N 为接收机数。

总基线数：

$$J_{总} = C \cdot N \cdot (N-1) /2 \tag{6-2}$$

必要基线数：

$$J_{必} = n - 1 \tag{6-3}$$

独立基线数：

$$J_{独} = C \cdot (N-1) \tag{6-4}$$

多余基线数：

$$J_{多} = C \cdot (N-1) - (n-1) \tag{6-5}$$

3. GPS 网同步图形构成及独立边的选择

根据式(6-2)，对于由 N 台 GPS 接收机构成的同步图形，一个时段包含的 GPS 基线数为

$$J = N \cdot \frac{N-1}{2} \tag{6-6}$$

但其中仅有 $N-1$ 条是独立的 GPS 边，其余为非独立边。当接收机数 $N=2\sim5$ 时，所构成的同步图形如图 6-1 所示。

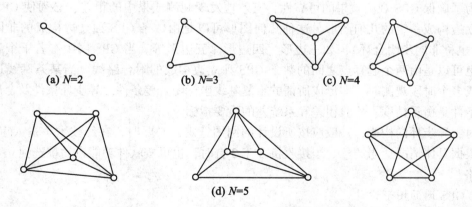

(a) N=2   (b) N=3   (c) N=4

(d) N=5

图 6-1 N 台接收机同步观测图形

图 6-2 给出了 $N-1$ 条独立 GPS 边的不同选择形式。

当同步观测的 GPS 接收机数 $N \geq 3$ 时，同步三角形闭合环的最少个数应为

$$T = J - (N-1) = \frac{(N-1)(N-2)}{2} \tag{6-7}$$

接收机数 N、GPS 边数 J 和同步闭合环数 T(最少个数)的对应关系见表 6-3。

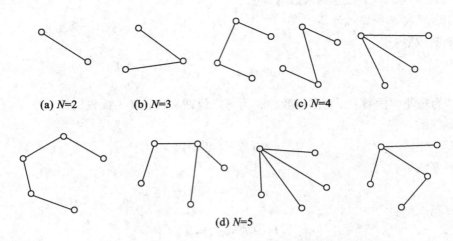

(a) N=2   (b) N=3   (c) N=4

(d) N=5

图 6-2   独立 GPS 边的不同选择

表 6-3   **N 与 J、T 的关系表**

N	2	3	4	5	6
J	1	3	6	10	15
T	0	1	3	6	10

在工程应用中，同步闭合环的闭合差的大小只能说明 GPS 基线向量的解算是否合格，并不能说明 GPS 基线向量的精度高低，也不能发现接收的信号是否受到干扰而含有粗差。

为了确保 GPS 观测效果的可靠性，有效地发现观测成果中的粗差，必须使 GPS 网中的独立边构成一定的几何图形。这种几何图形可以是由数条 GPS 独立边构成的非同步多边形(也称非同步闭合环)，如三边形、四边形、五边形等。当 GPS 网中有若干个起算点时，也可以是由两个起算点之间的数条 GPS 独立边构成的附合路线。当某条基线进行了两个或多个时段观测时，即形成所谓的重复基线坐标闭合差条件。异步环条件及全部基线坐标条件是衡量精度、检验粗差和系统差的重要指标。

对于异步环的构成，一般应按所设计的网图选定，必要时，在经技术负责人审定后，也可根据具体情况适当调整。当接收机多于 3 台时，也可按软件功能自动挑选独立基线构成环路。

4. GPS 网的图形设计

由于 GPS 控制网点间不需要通视，并且网的精度主要取决于观测时卫星与测站间的几何图形、观测数据的质量、数据处理方法，与 GPS 网形关系不大，因此，在 GPS 布网时，与常规网相比，较为灵活方便，GPS 的布设主要取决于用户的要求和用途。GPS 控制网是由同步图形作为基本图形扩展得到的，采用的连接方式不同，接收机的数量不同，网形结构的形状也不同。GPS 控制网的布设就是要将各同步图形合理地衔接成一个整体，使其达到精度高、可靠性强、效率高、经济实用的目的。

GPS 网常用的布网形式有跟踪站式、会战式、多基准站式、同步图形扩展式及单基准站式。

1) 跟踪站式

若干台接收机长期固定安放在测站上，进行常年、不间断的观测，即一年观测 365 天，一天观测 24 小时，这种观测方式很像是跟踪站，因此，这种布网形式被称为跟踪站式。

由于在采用跟踪站式的布网形式布设 GPS 网时，接收机在各个测站上进行了不间断的连续观测，观测时间长、数据量大，而且在处理采用这种方式所采集的数据时，一般采用精密星历，因此，采用此种形式布设的 GPS 网具有很高的精度和框架基准特性。

每个跟踪站为保证连续观测，一般需要建立专门的永久性建筑即跟踪站，用以安置仪器设备，这使得这种布网形式的观测成本很高。

这种布网形式一般用于建立 GPS 跟踪站(A 级网)，对于普通用途的 GPS 网，由于这种布网形式观测时间长、成本高，故一般不被采用。

2) 会战式

在布设 GPS 网时，一次组织多台 GPS 接收机，集中在一段不太长的时间内，共同作业，在作业时，所有接收机在若干天的时间里分别在同一批点上进行多天、长时段的同步观测，在完成一批点的测量后，所有接收机又都迁移到另外一批点上进行相同方式的观测，直至所有的点观测完毕，这就是所谓的会战式布网。

采用会战式布网所布设的 GPS 网，因为各基线均进行过较长时间、多时段的观测，所以可以较好地消除误差的影响，因而具有特高的尺度精度。这种布网方式一般用于布设 A、B 级网。

3) 多基准站式

所谓多基准站式的布网形式，就是指有若干台接收机在一段时间里长期固定在某几个点上进行长时间的观测，这些测站称为基准站，在基准站进行观测的同时，另外一些接收机则在这些基准站周围相互之间进行同步观测，如图 6-3 所示。

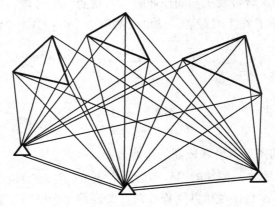

图 6-3 多基准站式

采用多基准站式的布网形式所布设的 GPS 网，由于在各个基准站之间进行了长时间的观测，因此，可以获得较高精度的定位结果，这些高精度的基线向量可以作为整个 GPS

网的骨架。其余的进行了同步观测的接收机间，除了自身有基线向量相连外，它们与各个基准站之间也存在有同步观测，因此，也有同步观测基线相连，这样可以获得更强的图形结构。

4)同步图形扩展式

同步图形扩展式的布网形式就是多台接收机在不同测站上进行同步观测，在完成一个时段的同步观测后，又迁移到其他的测站上进行同步观测，每次同步观测都可以形成一个同步图形，在测量过程中，不同的同步图形间一般有若干个公共点相连，整个 GPS 网由这些同步图形构成。

同步图形扩展式的布网形式具有扩展速度快、图形强度较高、作业方法简单的优点，是布设 GPS 网时最常用的一种布网形式。采用同步图形扩展式布设 GPS 基线向量网时的观测作业方式主要有点连式、边连式、网连式和混连式。

（1）点连式：在观测作业时，相邻的同步图形间只通过一个公共点相连，如图 6-4 所示。这样，当有 N 台接收机共同作业时，每观测一个时段，就可以测得 $N-1$ 个新点，当这些接收机观测了 C 个时段后，就可以测得 $1+C\cdot(N-1)$ 个点。

图 6-4　点连式

点连式的优点是作业效率高，图形扩展迅速；缺点是图形强度低，如果连接点发生问题，将影响到后面的同步图形。

（2）边连式：在观测作业时，相邻的同步图形间有一条边（即两个公共点）相连，如图 6-5 所示。这样，当有 N 台接收机共同作业时，每观测一个时段，就可以测得 $N-2$ 个新点，当这些接收机观测了 C 个时段后，就可以测得 $2+C\cdot(N-2)$ 个点。

图 6-5　边连式

边连式具有较好的图形强度和较高的作业效率。

（3）网连式：在作业时，相邻的同步图形间有 3 个（含 3 个）以上的公共点相连，如图 6-6 所示。这样，当有 N 台接收机共同作业时，每观测一个时段，就可以测得 $N-k$ 个新点，当这些接收机观测了 C 个时段后，就可以测得 $k+C\cdot(N-k)$ 个点。

采用网连式观测作业方式所测设的 GPS 网具有很强的图形强度，但作业效率很低。

（4）混连式：在实际的 GPS 作业中，一般并不是单独采用上面所介绍的某一种观测作业模式，而是根据具体情况，有选择地灵活采用这几种方式作业，这样一种观测作业方式

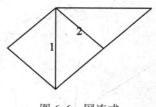

图 6-6　网连式

就是所谓的混连式，如图 6-7 所示。混连式观测作业方式是实际作业中最常用的作业方式，它实际上是点连式、边连式和网连式的一个结合体。

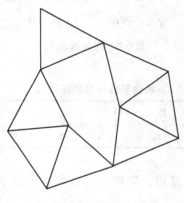

图 6-7　混连式

5）单基准站式

单基准站式的布网方式有时又称为星形网方式，它是以一台接收机作为基准站，在某个测站上连续开机观测，其余的接收机在此基准站观测期间，在其周围流动，每到一点就进行观测，流动的接收机之间一般不要求同步，这样，流动的接收机每观测一个时段，就与基准站间测得一条同步观测基线，所有这样测得的同步基线就形成了一个以基准站为中心的星形。流动的接收机有时也称为流动站，如图 6-8 所示。

5. GPS 网的图形设计原则

从不同的构网形式可见，在 GPS 技术设计中，应设计出一个比较实用的网形，使其既可以满足一定的精度、可靠性要求，又有较高的经济指标。因此，在进行 GPS 网形设计时，应遵循一定的原则：

（1）GPS 网应根据测区实际需要和交通状况进行设计。GPS 网的点与点间不要求通视，但应考虑常规测量方法加密时的应用，每点应有一个以上的通视方向。

（2）在布网设计中应顾及原有测绘成果资料以及各种大比例尺地形图的沿用，宜采用原有坐标系统。对凡符合 GPS 网布点要求的旧有控制点，应充分利用其标石。

（3）GPS 网应由一个或若干个独立观测环构成，也可采用附合线路形式构成。各等级 GPS 网中每个闭合环或附合线路中的边数应符合表 6-4 中的规定。

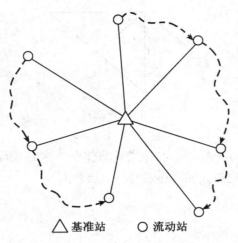

△ 基准站   ○ 流动站

图 6-8　单基准站式

表 6-4 　　　　　　　　　　　　　　　　闭合环或附合线路边数

级别	B	C	D	E
闭合环或附合路线边数（条）	≤6	≤6	≤8	≤10

非同步观测的 GPS 基线向量边，应按所设计的网图选定，也可按软件功能自动挑选独立基线构成环路。

（4）为求得 GPS 点在地方坐标系的坐标，应在地方坐标系中选定起算数据和联测原有地方控制点若干个。

大、中城市的 GPS 网应与国家控制网相互联接和转换，并应与附近的国家控制点联测，联测点数不应少于 3 个点，小城市或工程控制网可联测 2~3 个点。

（5）为了求得 GPS 网点的正常高，应进行水准测量的高程联测，并应按一定的要求实施。

6. 布设 GPS 网时的设计指标

布设 GPS 网时，除了遵循一定的设计原则外，还需要一些定量的指标，如效率指标、可靠性指标和精度指标，来指导设计工作。

1）效率指标

在进行 GPS 网的设计时，经常采用效率指标来衡量某种网设计方案的效率以及在采用某种布网方案作业时所需要的作业时间、消耗等。

在布设一个 GPS 网时，在点数、接收机数和平均重复设站次数确定后，完成该网测设所需的理论最少观测期数就可以确定了。但是，当按照某个具体的布网方式和观测作业方式进行作业时，要按要求完成整网的测设，所需的观测期数与理论上的最少观测期数会有所差异，理论最少观测期数与设计的观测期数的比值，称为效率指标（e），即

$$e = \frac{S_{\min}}{S_{\mathrm{d}}}$$

(6-8)

$$S_{\min} = \text{Int}\left(\frac{R \times n}{N}\right) \tag{6-9}$$

式中，$S_{\min}$ 为理论最少观测期数；S_d 为设计观测期数；R 为平均重复设站次数，即总的设站次数与 GPS 网的点数的比值；N 为接收机数；n 为 GPS 网的点数。

效率指标可用来衡量 GPS 网设计的效率。

2）可靠性指标

GPS 网的可靠性可分为内可靠性和外可靠性。GPS 网的内可靠性是指所布设的 GPS 网发现粗差的能力，即可发现的最小粗差的大小；GPS 网的外可靠性则是指 GPS 网抵御粗差的能力，即未剔除的粗差对 GPS 网所造成的不良影响的大小。关于内、外可靠性的问题及指标的算法，可以从一些相关书籍上找到更为详细的叙述。由于内、外可靠性指标在计算上过于烦琐，因此，在实际的 GPS 网的设计中采用了另外一个计算较为简单的反映 GPS 网可靠性的数量指标，这个可靠性指标就是整网的多余独立基线数与总的独立基线数的比值，称为整网的平均可靠性指标（η），即

$$\eta = \frac{l_r}{l_t} \tag{6-10}$$

式中，l_r 为多余的独立基线数；l_t 为总的独立基线数。

多余的独立基线数可以这样计算：

$$l_r = l_t - l_n \tag{6-11}$$

式中，l_n 为必要的独立基线数，$l_n = n - 1$，n 为点数；l_t 为总的独立基线数，$l_t = C \cdot (N-1)$，C 为观测期数，N 为同步观测接收机的台数。

3）精度指标

当 GPS 网布网方式和观测作业方式确定后，GPS 网的网形就确定了，根据已确定的 GPS 网的网形，可以得到 GPS 网的设计矩阵 B，从而可以得到 GPS 网的协因数阵 $Q = (B^T P B)$，在 GPS 网的设计阶段可以采用 $\text{tr}(Q)$ 作为衡量 GPS 网精度的指标。

6.2 GPS 的观测工作

GPS 的外业观测工作主要包括实地踏勘、资料收集整理、设备检定、人员组织、拟定观测计划、技术设计、选点埋石、数据采集等。

6.2.1 测区踏勘与资料收集

1. 测区踏勘

接到 GPS 测量任务后，可以依据施工设计图纸进行实地踏勘、调查测区。通过实地踏勘，结合工程项目的任务和目的，了解测区概况，以便为编写技术设计、施工设计、成本预算提供依据。测区踏勘主要了解：

（1）测区基本情况：测区的地理位置、范围、控制网的面积；

（2）原有控制点分布情况：GPS 点、三角点、导线点、水准点等的等级、坐标、高程系统、点位的数量及分布、点的标志的保存状况等；

（3）交通情况：公路、铁路、乡村便道的分布及通行情况；

（4）水系分布情况：江河、湖泊、池塘、水渠的分布，桥梁、码头及水路交通情况；

（5）植被情况：森林、草原、农作物的分布及面积；

（6）居民点分布情况：测区内城镇、乡村居民点的分布，食宿及供电情况；

（7）当地风俗民情：民族的分布、习俗、习惯、地方方言以及社会治安情况。

2. 资料收集

收集资料是进行控制网技术设计的一项重要工作。技术设计前，应收集测区或工程各项有关的资料。结合 GPS 测量工作的特点，并结合测区具体情况，需要收集资料的主要包括：

（1）各类图件：测区 1∶1 万～1∶10 万比例尺地形图、大地水准面起伏图、交通图；

（2）原有控制测量资料：点的平面坐标、高程、坐标系统、技术总结等有关资料，以及国家或其他测绘部门所布设的三角点、水准点、GPS 点、导线点等控制点测量成果及相关的技术总结资料；

（3）测区有关的地质、气象、交通、通信等方面的资料；

（4）城市及乡、村行政区划分表；

（5）有关的规范、规程等。

6.2.2 仪器配置与人员组织

设备、器材筹备及人员组织包括：

（1）观测仪器、计算机及配套设备的准备；

（2）交通、通信设施的准备；

（3）施工器材，计划油料和其他消耗材料的准备；

（4）组织测量队伍，拟订测量人员名单及岗位，并进行必要的培训；

（5）进行测量工作成本的详细预算。

6.2.3 拟定外业观测计划

1. 拟定观测计划的主要依据

（1）根据 GPS 网的精度要求确定的观测时间、观测时段数；

（2）GPS 网规模的大小、点位精度及密度；

（3）观测期间 GPS 卫星星历分布状况、卫星的几何图形强度；

（4）参加作业的 GPS 接收机类型数量；

（5）测区交通、通信及后勤保障等。

2. 观测计划的主要内容

1）编制 GPS 卫星的可见性预报图

在作业组进入测区观测前，应事先编制 GPS 卫星可见性预报图。可视卫星预测是预报将来某一个观测时间段内，某个测站点上能观测到的卫星数及卫星号。GPS 卫星可见性可利用 GPS 的数据处理软件进行预测，对于个别有较多或较大障碍物的测站，需要评估障碍物对 GPS 观测可能产生的不良影响。通过卫星分布图（图 6-9）和卫星出没时间段分布图（图 6-10），可为选择最佳观测时段提供相应的信息。

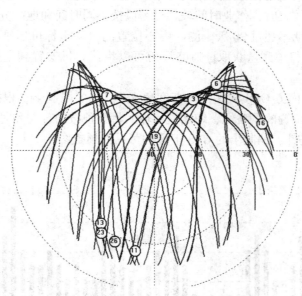

图 6-9　卫星分布图

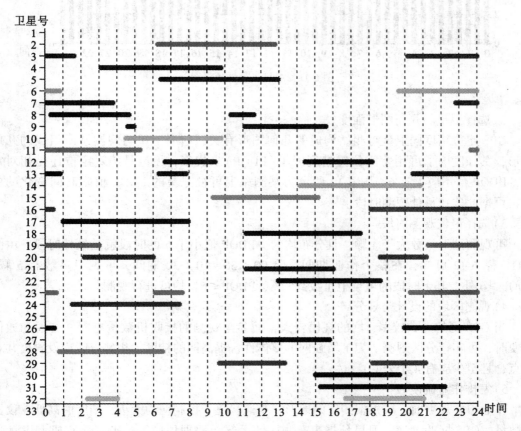

图 6-10　卫星出没时间段分布图

编制预报图所用的概略坐标应采用测区中心位置的经、纬度。预报时间应选用作业期的中间时间。当测区较大时，作业时间较长时，应按不同时间和地区分段预报，编制预报图所用的概略星历龄期不超过 20 天。测区中心位置的概略坐标可通过设计图纸获取，也可利用 GPS 接收机进行单测量获取。概略星历可以将接收机安置到室外观测一段时间即可获得。

图 6-11 所示为用南方 GPS 软件，在高度角大于 15° 的限制下，根据数据处理软件的提示，输入测区中心位置的概略经、纬度值，输入将要预报的日期和时间，应用星历龄期不超过 20 天的星历文件，编制出的 GPS 卫星的可见性预报图。

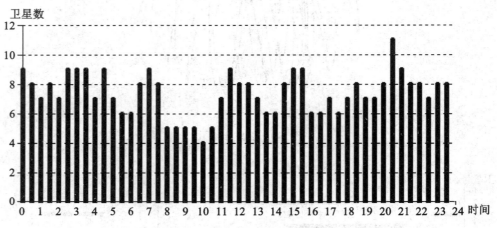

图 6-11　卫星可见性预报图

2）选择卫星的几何图形强度

GPS 定位精度同卫星与测站构成的几何图形有关，所测卫星与观测站所组成的几何图形，其强度因子可用空间位置精度因子（PDOP）来代表，无论是绝对定位还是相对定位，PDOP 值不应大于 6。图 6-12 所示为某测站上可视卫星的 PDOP 值随时间变化的曲线，可据此选择最佳观测时段。

3）选择最佳观测时段

可观测到卫星数大于 4 颗，且分布均匀，PDOP 值小于 6 的时段就是最佳时段。由图 6-11、图 6-12 可知，在整个作业期间，除 09：30～10：30 期间，可见卫星数有 5 颗、PDOP≥6 外，其余时段的可见卫星数≥5 颗、PDOP≤6，均可进行观测。

4）观测区域的设计与划分

当 GPS 网的点数较多、网的规模较大，而参与观测的接收机数量有限，交通和通信不便时，可实行分区观测。为了增强网的整体性、提高网的精度，相邻分区应设置公共观测点，且至少应有 4 个公共点。

5）编排作业调度表

作业组在观测前，应根据测区的地形、交通状况、控制网的大小、精度的高低、仪器的数量、GPS 网的设计、卫星预报表、测区的天气、地理环境等，拟定接收机调度计划和编制作业的调度表，以提高工作效益。

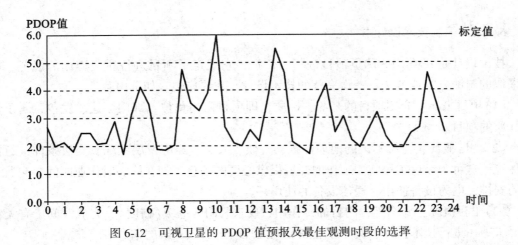

图 6-12   可视卫星的 PDOP 值预报及最佳观测时段的选择

调度计划的制订应遵循保证同步观测；保证足够的重复基线；设计最优接收机调度路径，保证作业效率；保证最佳观测时段的原则。表 6-5 为包括观测时段、测站号/名及接收机号的作业调度表。

表 6-5   **GPS 作业调度表**

时段编号	观测时段	测站号/名 机号	测站号/名 机号	测站号/名 机号	测站号/名 机号	测站号/名 机号	测站号/名 机号
1							
2							
3							

6) 采用规定格式的 GPS 测量外业观测通知单进行调度(表 6-6)。

表 6-6   **GPS 测量外业观测通知单**

观测日期 年 月 日	
组别: 操作员:	
点位所在图幅:	
测站编号/名:	
观测时段: 1: 2:	
3: 4:	
5: 6:	
安排人员: 年 月 日	

6.2.4 编制技术设计书

技术设计是一项 GPS 测量项目进行的依据，它规定了项目进行所应遵循的规范、所应采取的施测方案或方法。一份完整的技术设计，主要应包含如下内容：

(1)项目来源：介绍项目的来源、性质，即项目由何单位、部门下达、发包，属于何种性质的项目。

(2)测区概况：介绍测区的地理位置、气候、人文、经济发展状况、交通条件、通信条件等，这可为今后工程施测工作的开展提供必要的信息，如在施测时作业时间、交通工具的安排，电力设备使用，通信设备的使用等。

(3)工程概况：介绍工程的目的、作用、要求、GPS 等级(精度)、完成时间、有无特殊要求等在进行技术设计、实际作业和数据处理时所必须了解的信息。

(4)技术依据：介绍工程所依据的测量规范、工程规范、行业标准及相关的技术要求等。

(5)现有测绘成果：介绍测区内及与测区相关地区的现有测绘成果的情况，如已知点、测区地形图等。

(6)施测方案：介绍测量采用的仪器设备的种类和配置、采取的布网方法等。

(7)作业要求：规定选点埋石要求、外业观测时的具体操作规程、技术要求等，包括仪器参数的设置(如采样率、截止高度角等)、对中精度、整平精度、天线高的量测方法及精度要求等。

(8)观测质量控制：介绍外业观测的质量要求，包括质量控制方法及各项限差要求等，如数据删除率、RMS 值、RATIO 值、同步环闭合差、异步环闭合差、相邻点相对中误差、点位中误差等。

(9)数据处理方案：详细的数据处理方案包括基线解算和网平差处理所采用的软件和处理方法等内容。对于基线解算的数据处理方案，应包含基线解算软件、参与解算的观测值、解算时所使用的卫星星历类型等；对于网平差的数据处理方案，应包含网平差处理软件、网平差类型、网平差时的坐标系、基准及投影、起算数据的选取等。

(10)提交成果要求：规定提交成果的类型及形式，如需要提供的成果所属基准或坐标系，是否提供高程结果等。

6.2.5 选点与埋石

1. 选点

由于 GPS 测站间不要求通视，网的图形结构也较灵活，因此选点工作比经典控制测量简便。在开始选点工作前，除收集测区内及周边地区的有关资料，了解原有测量标志点的分布及保存情况外，还应遵守以下原则：

(1)点位应设在易于安装接收设备、视野开阔的较高点上；

(2)点位目标要显著，视场周围 15°以上不应有障碍物，以减少 GPS 信号被遮挡或被障碍物吸收；

(3)点位应远离大功率无线电发射源(如电视台、微波站等)，其距离不少于 200m；

远离高压输电线和微波无线电信号传送通道，其距离不得少于 50m，以避免电磁场对 GPS
信号的干扰；

（4）点位附近不应有大面积水域或不应有强烈干扰卫星信号接收的物体，以减弱多路
径效应的影响；

（5）点位应选在交通方便，有利于其他观测手段扩展与联测的地方；

（6）地面基础稳定，易于点的保存；

（7）选点人员应按技术设计进行踏勘，在实地按要求选定点位；当利用旧点时，
应对旧点的稳定性、完好性以及觇标是否安全、可用性进行检查，符合要求方可
利用；

（8）网形应有利于同步观测边、点联结；

（9）当所选点位需要进行水准联测时，选点人员应实地踏勘水准路线，提出有关
建议。

2. 标志埋设

GPS 网点一般应埋设具有中心标志的标石，以精确标志点位，点的标石和标志必须
稳定、坚固，以利于长久保存和利用。

埋石工作应符合下列要求：

（1）城市各等级 GPS 控制点应埋设永久性测量标志，标志应满足平面、高程共用。标
石及标志规格要求应符合规范（程）的要求。

（2）控制点的中心标志应用铜、不锈钢或其他耐腐蚀、耐磨损的材料制作；应安放正
直，镶接牢固；控制点的标志中心应刻有清晰、精细的十字线或嵌入直径小于 0.5mm 的
不同颜色的金属；标志顶部应为圆球状，顶部应高出标石面。

（3）控制点标石可采用混凝土预制或现场灌制；利用基岩、混凝土或沥青路面时，可
以凿孔现场灌注混凝土埋设标志；利用硬质地面时，可以在地面上刻正方形方框，其中心
灌入直径不大于 2mm、长度不短于 30mm 的铜条作为标志。

（4）埋设 GPS 观测墩应符合规范（规程）的要求。

（5）标石的底部应埋设在冻土层以下，并浇灌混凝土基础。

（6）GPS 测量控制点埋设后应经过一个雨季和一个冻结期，方可进行观测，地质坚硬
的地方可在混凝土浇筑一周后进行观测。

（7）新埋标石时，应办理测量标志委托保管。

标石埋设后应在实地绘制点之记（表 6-7），并提交点之记、控制点选点网图、测量标
志委托保管书和选点与埋石工作技术总结等资料。

6.2.6　观测工作

1. 接收机的选择

不同等级的 GPS 测量对接收机的性能、精度要求有所不同，A 级网测量采用的接收
机按《全球导航卫星系统连续运行参考站网建设规范》CH/T 2008 的有关规定执行，B、C、
D、E 级 GPS 网选用的 GPS 接收机应符合表 6-8 中的规定。

表 6-7   **GPS 点点之记**

等级		点名		点号		所在图幅	
概略经度			概略纬度			概略高程	
所在地							
标石类型				标石质料			
详细位置图				标石断面图			
点位详细说明							
交通线路图				交通情况			
接管单位						保管人	
选点者			埋石者			绘图者	
选点日期			埋石日期			绘图日期	
备注							

表 6-8   **GPS 接收机的选用**

级别	B	C	D、E
单频/双频	双频/全波长	双频/全波长	双频或单频
观测量至少有	L_1、L_2 载波相位	L_1、L_2 载波相位	L_1 载波相位
同步观测接收机数	≥4	≥3	≥2

2. 接收机的检验

接收机全面检验的内容，包括一般检视、通电检验和实测检验。

(1)一般检视：主要检查接收机设备各部件及其附件是否齐全、完好，紧固部分是否松动与脱落，使用手册及资料是否齐全等。

(2)通电检验：接收机通电后有关信号灯、按键、显示系统和仪表的工作情况以及自测试系统的工作情况，当自测正常后，按操作步骤检验接收机锁定卫星时间的快慢、接收信号的信噪比及信号失锁情况。

(3)实测检验:该检验是 GPS 接收机检验的主要内容,主要检验接收机内部噪声水平、接收机天线相位中心稳定性、接收机野外作业性能及不同测程精度指标、接收机频标稳定性以及接收机的高低温性能。

3. 观测工作

1)观测工作依据的主要技术指标

各级 GPS 测量作业应满足表 6-9 中的基本技术要求。

表 6-9　　　　　　　　　　**各级 GPS 测量作业的基本技术要求**

项目	级　别			
	B	C	D	E
卫星截止高度角(°)	10	15	15	15
同时观测有效卫星数	≥4	≥4	≥4	≥4
有效观测卫星总数	≥20	≥6	≥4	≥4
观测时段数	≥3	≥2	≥1.6	≥1.6
时段长度	≥23h	≥4h	≥60min	≥40min
采样间隔(s)	30	10~30	5~15	5~15

注:(1)计算有效观测卫星时,应将各时段的有效观测卫星数扣除期间的重复卫星数;

(2)观测时段长度,应为开始记录数据到结束记录的时间段;

(3)观测时段数≥1.6,采用网观测模式时,每站至少观测一时段,其中二次设站点数应不少于 GPS 网总点数的 60%;

(4)采用基于卫星定位连续运行基准点观测模式时,可连续观测,但观测时间应不低于表中规定的各时段观测时间的和。

2)天线安置

(1)在正常点位,天线应架设在三脚架上,并安置在标志中心的上方直接对中,天线基座上的圆水准气泡必须整平。

(2)在特殊点位,当天线需要安置在三角点觇标的观测台或回光台上时,应先将觇标顶部拆除,防止对 GPS 信号的遮挡。

(3)天线的定向标志应指向正北,并顾及当地磁偏角的影响,以减弱相位中心偏差的影响。天线定向误差依定位精度不同而异,一般不应超过±3°~±5°。

(4)刮风天气安置天线时,应将天线进行三方向固定,以防倒地碰坏。雷雨天气安置时,应该注意将其底盘接地,以防雷击。

(5)架设天线不宜过低,一般应距地 1m 以上。天线架设好后,在圆盘天线间隔 120°的三个方向分别量取天线高,三次测量结果之差不应超过 3mm,取其三次结果的平均值记入测量手簿中,天线高记录取值 0.001m。

(6)测量气象参数。在高精度 GPS 测量中,要求测定气象元素。每时段气象观测应不少于 3 次(时段开始、中间、结束)。气压读至 0.1mbar,气温读至 0.1℃,对一般城市及工程测量只记录天气状况。

(7)复查点名并记入测量手簿中，将天线电缆与仪器进行连接，经检查无误后，方能通电启动仪器。

3）开机观测

观测作业的主要目的是捕获 GPS 卫星信号，并对其进行跟踪、处理和量测，以获得所需要的定位信息和观测数据。

天线安置完成后，在离开天线适当位置的地面上安放 GPS 接收机，接通接收机与电源、天线、控制器的连接电缆，并经过预热和静置，即可启动接收机进行观测。

通常来说，在外业观测工作中，仪器操作人员应注意以下事项：

(1)当确认外接电源电缆及天线等各项连接完全无误后，方可接通电源，启动接收机；

(2)开机后接收机有关指示显示正常并通过自测后，方能输入有关测站和时段控制信息；

(3)接收机在开始记录数据后，应注意查看有关观测卫星数量、卫星号、相位测量残差、实时定位结果及其变化、存储介质记录等情况；

(4)一个时段观测过程中，不允许进行以下操作：关闭又重新启动，进行自测试（发现故障除外），改变卫星高度角，改变天线位置，改变数据采样间隔，按动关闭文件和删除文件等功能键；

(5)每一观测时段中，气象元素一般应在始、中、末各观测记录一次，当时段较长时可适当增加观测次数；

(6)在观测过程中要特别注意供电情况，除在出测前应认真检查电池容量是否充足外，作业中观测人员也不要远离接收机，听到仪器的低电报警时要及时予以处理，否则可能会造成仪器内部数据的破坏或丢失，对观测时段较长的观测工作，建议尽量采用太阳能电池板或汽车电瓶进行供电；

(7)仪器高一定要按规定始、末各测一次，并及时输入及记入测量手簿中；

(8)接收机在观测过程中不要靠近接收机使用对讲机；雷雨季节架设天线要防止雷击，雷雨过境时应关机停测，并卸下天线；

(9)观测站的全部预定作业项目，经检查均已按规定完成，且记录与资料完整无误后方可迁站；

(10)观测过程中要随时查看仪器内存或硬盘容量，每日观测结束后，应及时将数据转存至计算机硬、软盘上，确保观测数据不丢失。

4）观测记录

(1)观测记录：由 GPS 接收机自动进行，均记录在存储介质（如硬盘、硬卡或记忆卡等）上，其主要内容有：载波相位观测值及相应的观测历元，同一历元的测码伪距观测值，GPS 卫星星历及卫星钟差参数，实时绝对定位结果，测站控制信息及接收机工作状态信息。

(2)测量手簿

测量手簿是在接收机启动前及观测过程中由观测者随时填写的，见表6-10。

表 6-10   **GPS 外业观测手簿**

点号		点名		图幅编号	
观测记录员		观测日期		时段号	
接收机型号及编号		天线类型及编号		存储介质类型及编号	
原始观测数据文件名		Rinex 格式数据文件名		备份存储介质类型及编号	
近似纬度	° ′ ″ N	近似经度	° ′ ″ E	近似高程	m
采样间隔	s	开始记录时间	h min	结束记录时间	h min
天线高测定		天线高测定方法及略图		点位略图	
测前: 测后: 测定值＿＿ m ＿＿ m 修正值＿＿ m ＿＿ m 天线高＿＿ m ＿＿ m 平均值＿＿ m ＿＿ m					
时间(UTC)		跟踪卫星数		PDOP	
记事					

    观测记录和测量手簿都是 GPS 精密定位的依据,必须认真、及时填写,坚决杜绝事后补记或追记。

    外业观测中存储介质上的数据文件应及时拷贝,一式两份,分别保存在专人保管的防水、防静电的资料箱内。存储介质的外面,适当处应贴制标签,注明文件名、网区名、点名、时段名、采集日期、测量手簿编号等。

    接收机内存数据文件在转录到外存介质上时,不得进行任何剔除或删改,不得调用任何对数据实施重新加工组合的操作指令。

6.3 GPS 测量的作业模式

6.3.1 经典静态相对定位模式

1. 作业方法

将两台(或两台以上)接收设备分别安置在一条或数条基线的端点，同步观测 4 颗以上卫星，每时段长 40min~2h，或更长，作业布置如图 6-13 所示。

2. 定位精度

基线的相对定位精度可达 5mm+1ppm · D，D 为基线长度(km)。

3. 适用范围

建立全球性或国家级大地控制网，建立地壳运动监测网，建立长距离检校基线，进行岛屿与大陆联测、钻井定位及精密工程控制网建立等。

4. 注意事项

所有已观测基线应组成一系列封闭图形(图 6-13)，以利于外业检核，提高成果可靠度。并且可以通过平差，有助于进一步提高定位精度。

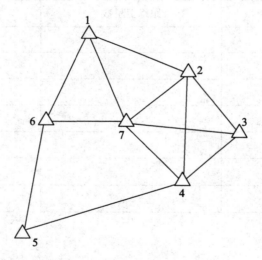

图 6-13 静态相对定位模式

6.3.2 快速静态相对定位模式

1. 作业方法

在测区中部选择一个基准站，并安置一台接收设备连续跟踪所有可见卫星；另一台接收机依次到各点流动设站，每点观测数分钟，作业布置如图 6-14 所示。

2. 定位精度

流动站相对于基准站的基线中误差约为 5mm+1ppm · D。

3. 适用范围

控制网的建立及其加密、工程测量、地籍测量、大批相距百米左右的点位定位。

4. 注意事项

在测量时段内，应确保有 5 颗以上卫星可供观测；流动点与基准点相距应不超过 20km；流动站上的接收机在转移时，不必保持对所测卫星连续跟踪，可关闭电源以降低能耗。

5. 优缺点

优点：作业速度快、精度高、能耗低；

缺点：两台接收机工作时，不能构成闭合图形(图 6-14)，可靠性较差。

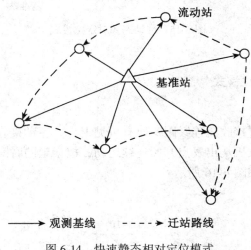

图 6-14   快速静态相对定位模式

6.3.3   准动态相对定位模式

1. 作业方法

在测区选择一个基准点，安置接收机连续跟踪所有可见卫星；将另一台流动接收机先置于 1 号站(图 6-15)观测；在保持对所测卫星连续跟踪而不失锁的情况下，将流动接收机分别在 2，3，…各点观测数秒钟。

2. 定位精度

基线的中误差为 1~2cm。

3. 适用范围

开阔地区的加密控制测量、工程定位及碎部测量、剖面测量及线路测量等。

4. 注意事项

应确保在观测时段上有 5 颗以上卫星可供观测；流动点与基准点距离不超过 20km；观测过程中流动接收机不能失锁，否则应在失锁的流动点上延长观测时间 1~2min。

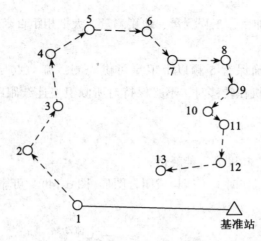

图 6-15　准动态相对定位模式

6.3.4　动态相对定位模式

1. 作业方法

　　建立一个基准站安置接收机连续跟踪所有可见卫星，流动接收机先在出发点上静态观测数分钟，然后流动接收机从出发点开始连续运动，按指定的时间间隔自动测定运动载体的实时位置，作业布置如图 6-16 所示。

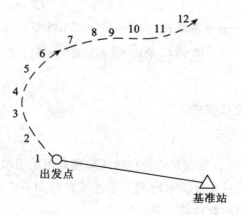

图 6-16　动态相对定位模式

2. 定位精度

相对于基准点的瞬时点位精度 1~2cm。

3. 适用范围

精密测定运动目标的轨迹、测定道路的中心线、剖面测量、航道测量等。

4. 注意事项

需同步观测 5 颗卫星，其中至少 4 颗卫星要连续跟踪；流动点与基准点距离不超过 20km。

6.4　实时动态测量系统

大地型接收机利用 GPS 卫星载波相位进行的静态基线测量获得了很高的精度，但为了可靠地求解出整周模糊度，要求静止观测一两个小时或更长时间，这样就限制了在作业中的应用，于是探求快速测量的方法应运而生。例如，采用整周模糊度快速逼近技术（FARA），使基线观测时间缩短到 5 分钟；采用准动态（Stop and Go）、往返重复设站（Reoccupation）和动态（Kinematic）来提高 GPS 作业效率。这些技术的应用对推动 GPS 测量起了促进作用，但是，这些作业方式都是事后进行数据处理，不能实时提供定位结果和实时评定成果质量，很难避免出现事后检查不合格造成的返工现象。实时差分 GPS 的出现，能给定载体的实时位置，满足了导航、水下测量等工程的要求。位置差分、伪距差分、伪距差分相位平滑、载波相位差分等技术已成功地用于各种工程作业中。

6.4.1　RTK 定位技术简介

RTK 定位技术（Real Time Kinematic）又称为载波相位差分，是全球卫星导航定位技术与数据通信技术相结合的载波相位实时动态差分定位技术，它能提供观测点的三维坐标，并达到厘米级的精度。

在 RTK 作业模式下，基准站通过数据链将其观测值和测站坐标信息一起传送给流动站。流动站不仅通过数据链接收来自基准站的数据，还要采集 GPS 观测数据，并在系统内组成差分观测值进行实时处理。流动站可处于静止状态，也可处于运动状态。RTK 技术的关键在于数据处理技术和数据传输技术。

1. RTK 的类型

1）按不同数据链分类：

（1）电台式：电台传输是较常用数据链连接方式，基准站与流动站之间通过无线电台进行数据传输，目前，相应的测地型 GPS 接收机生产厂家都有自己的电台。

（2）手机通信式：手机通信作业方式和原理跟电台传输差不多，就是将电台换成调制解调器和子机，依靠当地的 GSM/GPRS/CDMA 网络进行数据连接，如同两台计算机各自连接一个 Modem，再接入电话线形成一条通路，将两台计算机连接起来，可以说，这已是基于网络的连接了。例如，GSM 电路交换方式，通俗地说，就是打电话，基准站连接一部 GSM 子机，给出一个统一的电话号码，移动站有一个 GSM 模块可以拨号，同时开通了数据传真业务，GSM 模块拨通基准站的电话后，就可以实时得到改正数据。

2）按架设基准站个数分类

（1）单基准站 RTK：只利用一个基准站，并通过数据通信技术接收基准站发布的载波相位差分改正参数进行 RTK 测量。

（2）多基准站 RTK：指在一定区域内建立多个（一般为三个或三个以上）GPS 基准站，对该地区构成网状覆盖，并进行连续跟踪观测，通过这些站点组成卫星定位观测值的网络解算，获取覆盖该地区和该时间段的 RTK 改正参数，用于该区域内 RTK 用户进行实时 RTK 改正的定位方式，又称为网络 RTK。

2. RTK 测量系统的基本组成

RTK 测量系统主要由接收设备、数据链和软件系统三大部分组成。

1）接收设备

基准站接收机架设在已知或未知坐标的参考点上，连续接收所有可视 GPS 卫星信号，基准站将测站坐标、载波相位观测值、卫星跟踪状态和接收机工作状态等通过无线数据链发送给流动站。流动站先进行初始化，完成整周未知数的搜索求解后，进入动态作业。流动站在接收来自基准站的数据时，同步观测采集 GPS 卫星载波相位数据。

2）数据链

数据链也称为数据传输设备，由基准站的无线电发射台和流动站的接收机组成，其功率和频率的选择主要取决于流动站和基准站之间的距离、环境质量、数据的传输速度。

3）软件系统

软件系统突出的功能是能够快速解算整周未知数，能选择快速静态、准动态和实时动态等作业模式，实时完成对解算结果的质量分析和评价。通过系统内差分处理，求解载波相位整周未知数，根据基准站与流动站的相关性，得出流动站的坐标。

6.4.2 RTK 作业程序

由于 RTK 技术能实时给出厘米级的定位结果，在航空摄影测量、工程控制测量、施工放样、地形图测绘、地籍测量、道路中线测量等中有着广泛应用。下面以南方灵锐 S82 RTK 接收机为例，介绍 RTK 的作业程序。

1. 架设基准站

（1）在基准站架设点安置脚架，安装上基座对点器，再将基准站主机装上连接器置于基座之上，对中整平。

（2）安置发射天线和电台，建议使用对中杆支架，将连接好的天线尽量升高，再在合适的地方安放发射电台，用多用途电缆和扩展电源电缆连接主机、电台和蓄电池。图 6-17 为南方灵锐 S82 RTK 基准站的连接示意图。

（3）检查连接无误后，打开电池开关，再打开电台和主机开关，并进行相关设置。

2. 基准站电台设置

1）电台的发射频率设置

不同接收机的电台的频段是不一样的，作业前，应将基准站与流动站的电台发射和接收的频率设置相同，是保证数据进行通信、接收的前提条件。

2）电台的发射功率设置

不同的接收机的电台的发射功率不太相同，一般情况下，工作半径大，选择较大功率；作业半径小，选择较小的功率。

值得注意的是，使用较大的电台功率发射，对电池的损耗会增加，且功率的提高所产生的提升作用距离的效果并不理想，在碰到较强干扰时，才选择较大功率发射。在天线架设时，应尽可能的高，并且远离地面，提升发射天线的高度，能较好地提高电台的作用距离。为了尽量避免基准站设备之间形成干扰，注意接收机天线与发射天线相距不要太近，电缆线必须展开，避免形成新的干扰。

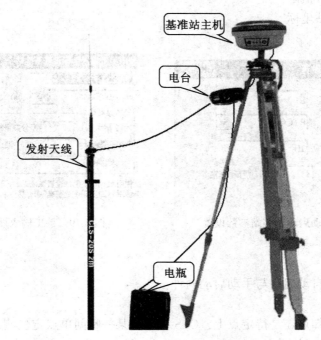

图 6-17　南方灵锐 S82 RTK 基准站安装示意图

3. 基准站接收机设置

不同的接收机的流动站数据采集器及内置软件、固化软件不尽相同，基准站的设置也不太一样，主要有自动启动基准站参数设置和手工输入设置基准站。

1) 自动启动基准站参数设置(图 6-18)

(1)设置基准站坐标，GPS 把当前单点定位测出的 WGS-84 的经纬度坐标输送给 GPS 主机；

(2)设置差分数据格式；

(3)设置差分数据发射间隔；

(4)设置卫星截止角；

(5)设置 PDOP 值限。

2) 手工输入设置基准站(图 6-19)

(1)掌上电脑(数据采集器)与接收机连接，确保连通；

(2)设置坐标系统；

(3)设置基准站发送差分数据模式为 RTD、RTK；

RTD(Real Time Differential)与 RTK 的主要差别在于解算采用的数据类型与解算出来的点位精度不同，RTD 的精度为亚米级，而 RTK 可以达到厘米级。

(4)设置差分数据格式；

(5)设置差分数据发射间隔；

(6)设置接收机类型、天线类型、天线高；

(7)设置卫星截止角；

(8)设置 PDOP 值限;

(9)设置基准站坐标。

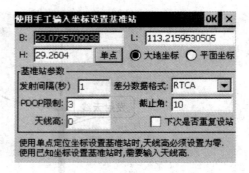

图 6-18　自动启动基准站参数设置　　　　图 6-19　手工输入设置基准站

4. 启动基准站

基准站启动有自动启动与手动启动两种:

1)自动启动

不管是架在已知点还是待定点上,GPS 把当前某一瞬间单点定位测出的 WGS-84 的经纬度坐标输送给 GPS 主机。

2)手动启动

(1)基准站架设在已知点上,输入当前点的 WGS-84 坐标,进行启动。当前点的 WGS-84 坐标从已测算合格的静态 GPS 控制网中获取;

(2)基准点架设在未知点上,把当前单点定位测出的 WGS-84 的经纬度坐标输送给 GPS 主机,进行启动。

3)确认基准站是否正常工作

(1)查看主机 LED 指示灯,进行检查;

(2)查看电子手簿(数据采集器、掌上电脑)显示;

(3)查看基准站电台 LED 指示灯进行检查。

5. 架设流动站

(1)连接碳纤对中杆,流动站主机和接收天线,完毕后主机开机;

(2)安装手簿托架,固定数据采集手簿,打开手簿进行蓝牙连接,连接完毕后即可进行仪器设置操作(图 6-20)。

6. 配置流动站

(1)设置流动站电台接收频率,与基准站的电台的频率一致;

(2)设置流动站接收机:

①掌上电脑(数据采集器)与接收机连接,确保连通;

②设置坐标系统,与基准站一致;

③设置差分数据格式,与基准站一致;

④设置天线高;

⑤设置卫星截止角;

图 6-20 南方灵锐 S82 RTK 流动站的安装示意图

⑥设置 PDOP 值限；

(3)确认流动站是否正常工作：

①查看主机 LED 指示灯进行检查；

②查看电子手簿(数据采集器、掌上电脑)显示。

7. 新建工程

此项设置可以在室内完成，也可以在现场设置。

(1)操作："工程"→"新建工程"，如图 6-21 所示。

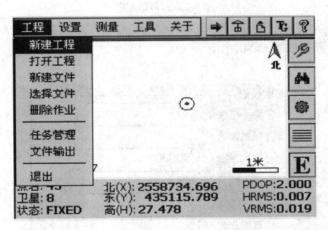

图 6-21 新建工程

(2)设置工程名称或作业名称，如图 6-22 所示。

(3)设置本测区坐标系统。

①椭球参数据设置，如图 6-23 所示。

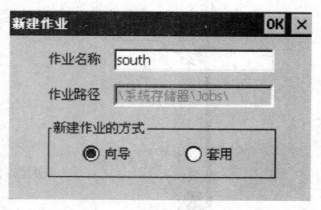

图 6-22　输入作业名

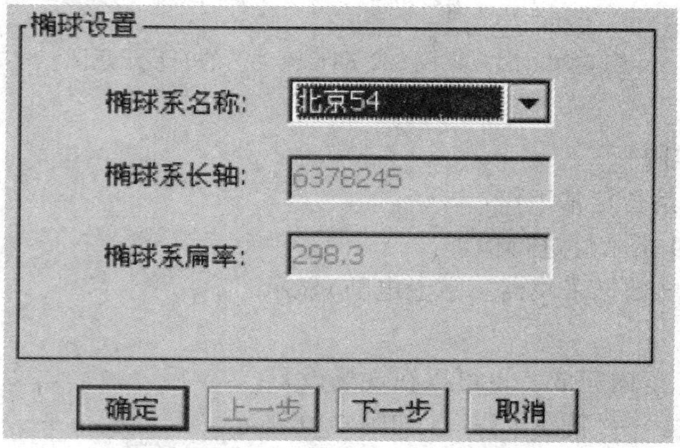

图 6-23　椭球设置

②投影参数设置，如图 6-24 所示。

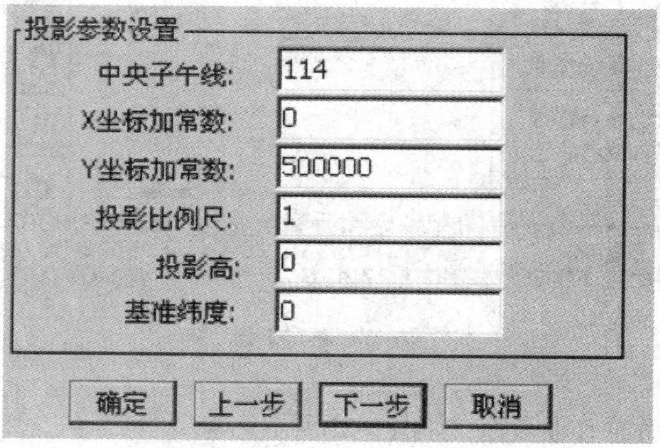

图 6-24　投影参数设置

（4）设置本测区的坐标系统转换参数。

若本测区已有合格的静态数据处理成果，可采用解算出的相应坐标系统转换参数；若没有，可进行现场转换，现场转换可以查看用户手册。若本测区已有七参数、四参数、高程拟合参数，参数设置如图 6-25~图 6-27 所示。

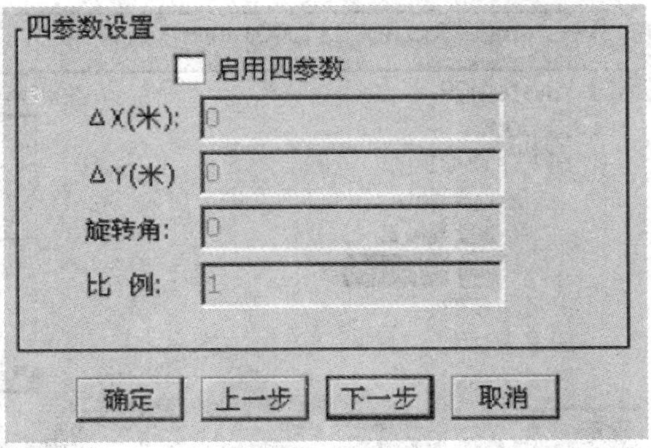

图 6-25　四参数设置

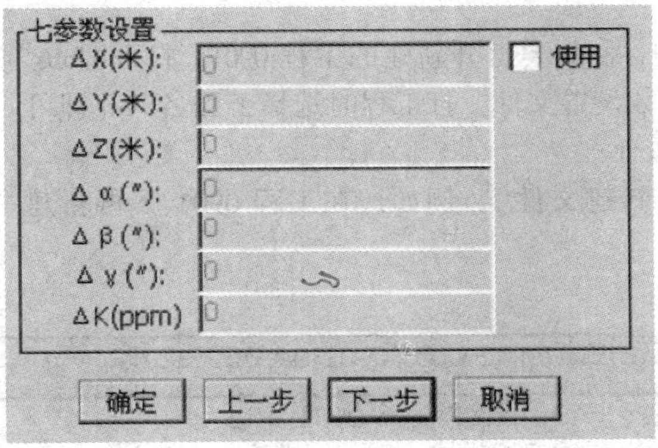

图 6-26　七参数设置

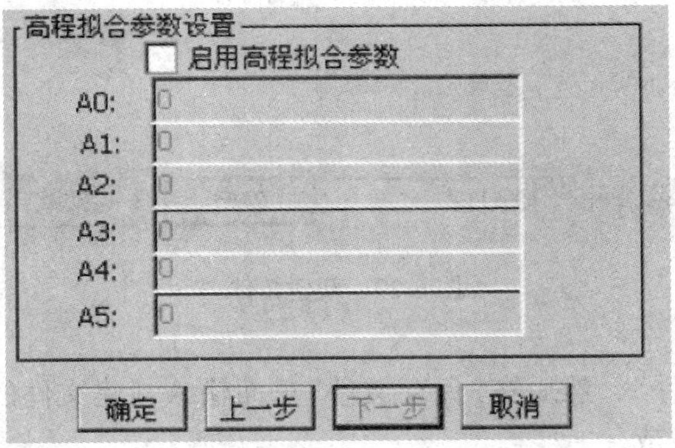

图 6-27　高程拟合参数设置

单击"确定",工程建立完毕。值得注意的是,四参数和七参数不能同时使用,输入其中一种参数后,不要再输入另一种参数。

8. 打开工程

操作:"工程"→"打开工程",如图 6-28 所示。

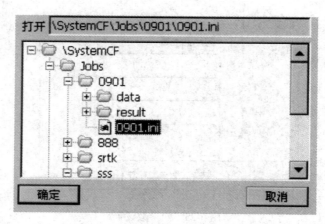

图 6-28   打开工程

打开刚新建的工程,例如要打开新建的工程 0901,打开"Jobs"→"0901"→"0901. ini",0901. ini 是一个系统参数设置文件,打工程时选择工程名 . ini 即可。

9. 新建本次作业文件

操作:"工程"→"新建文件",例如,在工程 0901 下再新建一个文件 09012,如图 6-29所示。

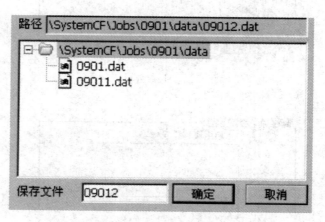

图 6-29   新建文件

首先单击"新建文件",然后在"保存文件"里面输入新建文件的名称"09012",单击"确定",新文件建立完成。

10. 选择本次作业文件

操作："工程"→"选择文件"。当手簿程序关闭后再重新进入的时候，默认打开的是退出之前的工程和文件。如果要把测量点的数据存储到指定的文件中，就在此选择要保存的数据文件，如图 6-30 所示。

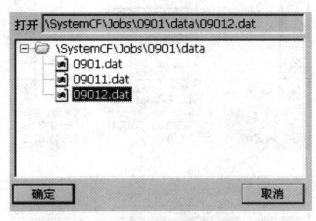

图 6-30　选择文件

11. 校正

校正工作必须在固定解的状态下进行操作。校正有基准站架设在已知点与未知点上两种方式，下面讲述基准站架设在已知点上。

校正向导是灵活运用转换参数的一个工具。由于 GPS 输出的是 WGS-84 坐标，而且 RTK 基准站的输入坐标也是 WGS-84 坐标，所以大多数 GPS 在使用转化参数时的普遍方式为：把基准站架设在已知点上，在基准站直接或间接的输入 WGS-84 坐标启动基准站。这种方式的缺点是每次都必须用控制器与基准站连接后启动基准站，在测量外业作业时在操作上会带来一定的麻烦。而使用校正向导则可以避免用控制器启动基准站，可以选择基准站架设在任意点上自动启动，大大提高了使用的灵活性。

校正向导产生的参数实际上是使用一个公共点计算两个不同坐标的"三参数"，在软件里称为校正参数。

当移动站收到基准站自动发射的差分信号以后，软件进行以下操作才有效：

(1)在参数浏览里先检查所要使用的转换参数是否正确，然后进入"校正向导"，如图 6-31 所示。

(2)选择"基准站架设在已知点"，点击"下一步"，如图 6-32 所示。

(3)输入基准站架设点的已知坐标及天线高，并且选择天线高形式，输入完后即可点击"校正"，如图 6-33 所示。

(4)系统提示是否校正，并且显示相关帮助信息，检查无误后点"确定"，校正完毕，如图 6-34 所示。

(5)查看校正参数。

校正参数是工程之星软件很特别的一个设计，它是结合国内的具体测量工作而设计的。校正参数实际上就是只用同一个公共控制点来计算两套坐标系的差异。根据坐标转换

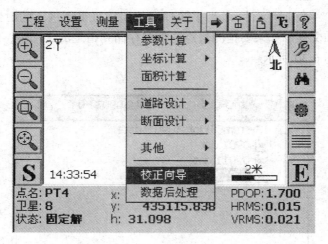

图 6-31　校正向导

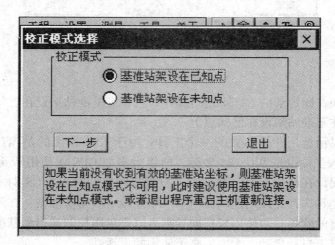

图 6-32　选择校正模式

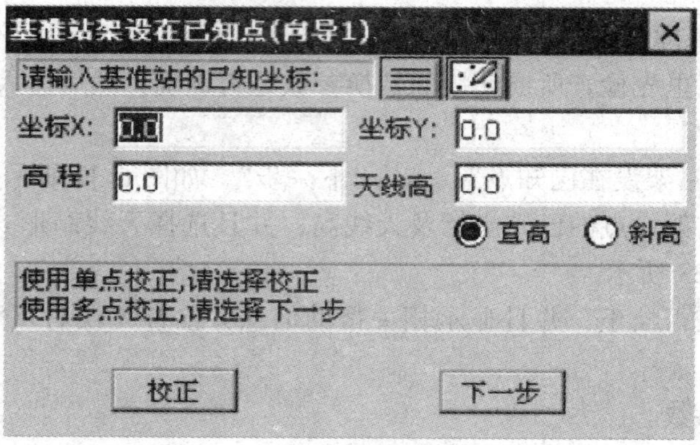

图 6-33　输入基准站坐标

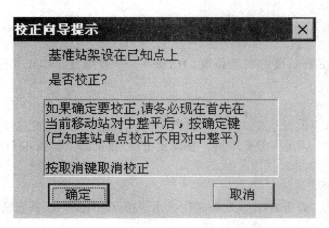

图 6-34　校正确认

的理论，一个公共控制点计算两个坐标系误差是比较大的，除非两套坐标系之间不存在旋转或者控制的距离特别小。因此，校正参数的使用通常都是在已经使用了四参数或者七参数的基础上才使用的，如图 6-35 所示。

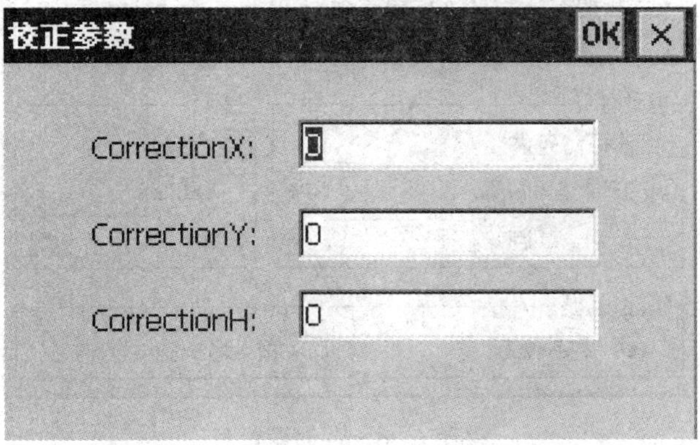

图 6-35　校正参数设置

　　WGS-84 坐标的获取有两种方式：一种是由基准站直接读取当前测出的经纬度坐标（GPS 坐标每秒刷新一次，每次读取的坐标都有差异，误差为 1~2m）；另一种是事先布设好静态控制网，从静态处理结果中获取。由于 WGS-84 经纬度获取的相对不确定性使得在求解转换参数时必须首先确定一组公共控制点的 WGS-84 经纬度坐标，这组坐标一旦确定以后，每次启动基准站时，都要使用这一组 WGS-84 经纬度坐标，否则使用转换参数时的显示坐标和实际施工坐标间就会存在一个固定偏差，这个偏差是由所取的基准站WGS-84 经纬度坐标和用来计算转换参数的 WGS-84 经纬度坐标之间的差异产生的。需要特别说明的是，南方的 RTK 自动启动基准站时获取的坐标是基准站开机并达到状态以后自动获取的 WGS-84 经纬度坐标，这样就会出现上述所描述的固定偏差，工程之星软件通过一个公共已知点求出的转换参数（工程之星软件中把这个过程称为"校正"，参数称为"校正参数"）来克服这个固定偏差，因此工程之星软件中有一个区别于其他软件的校正参数的概念。

12. 查看精度

查看 RTK 固定解精度，水平精度（HRMS）、垂直精度（VRMS）是否满足测量限差要求。

13. 已知点检测

开始作业或重新设置基准站后，应检测至少一个已知点或重复测量点。检测点的平面较差不应大于 5cm，满足限差要求后，在满足 RTK 测量的主要技术要求的前提下，即可进行 RTK 测量。

14. 新点测绘

继续测绘新点，查看 RTK 固定解精度，水平精度（HRMS）、垂直精度（VRMS）是否满足测量限差要求。

15. 记录、存储设置

操作："设置"→"其他设置"→"点存储类型设置"，如图 6-36 所示。

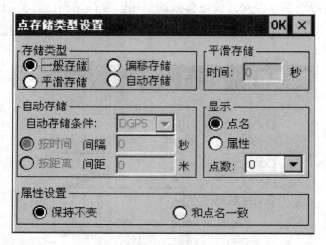

图 6-36　存储设置

（1）一般存储：对点位在某个时刻状态下的坐标进行直接存储（点位坐标每秒刷新一次），操作方式有快捷键操作和菜单操作。

（2）平滑存储：对每个点的坐标多次测量取平均值。在"存储类型"下选择"平滑存储"，然后设置时间间隔，点击右上角的"OK"，平滑存储设置完毕。

（3）自动存储：按设定的记录条件自动记录测量点。首先要设定自动存储的条件，自动存储条件有 Single（单点解）、DGPS（差分解）、Float（浮点解）和 Fixed（固定解）四种选择，一般状况下，选择自动存储条件为 Fixed（固定解），根据需要选择按时间或按距离来存储，然后输入相应的间隔，点击右上角的"OK"，自动存储设置完成。

（4）偏移存储：类似于测量中的偏心测量，记录的点位不是目标点位，根据记录点位和目标点位的空间几何关系来确定目标点。

记录应根据测量的精度要求、不同的测量点位要求，选择不同的存储方式。除了仪器存储以外，RTK 在控制测量中，还应进行相应的 RTK 外业观测手簿记录。

16. 成果输出

测量完成后，要把测量成果以不同的格式输出。不同的成图软件要求的数据格式不一样，例如南方测绘的成图软件 CASS 的数据格式为：点名，属性，Y，X，H。

操作："工程"→"文件输出"，如图 6-37 所示。

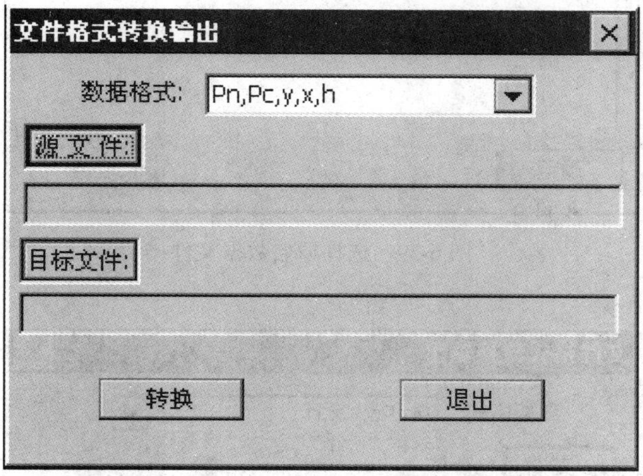

图 6-37　文件格式转换输出

打开"文件格式转换输出"后，在"数据格式"里面选择需要输出的格式，如图 6-38 所示。

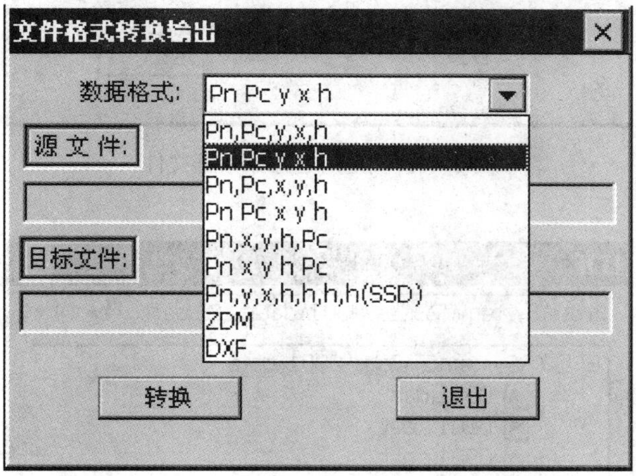

图 6-38　数据格式选择

选择数据格式后，单击"源文件"，选择需要转换的原始数据文件，如图 6-39 所示。

单击"确定"，出现如图 6-40 所示的窗口。

单击"目标文件"，输入转换后保存文件的名称(不要和已有文件重名)，如图 6-41 所示。

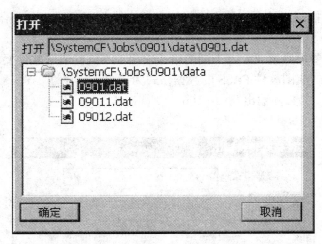

图 6-39　选择原始数据文件

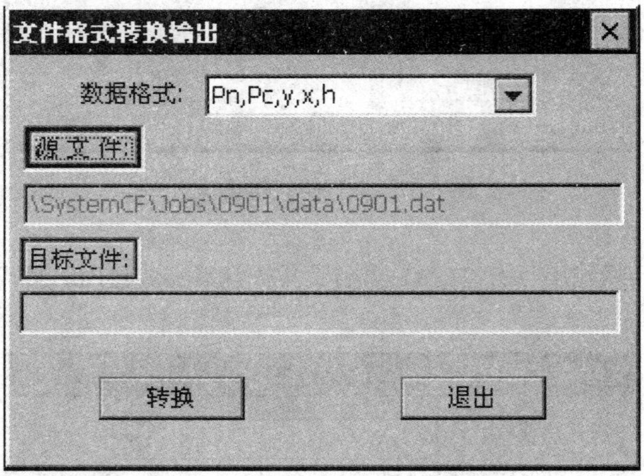

图 6-40　确定所选原始数据文件

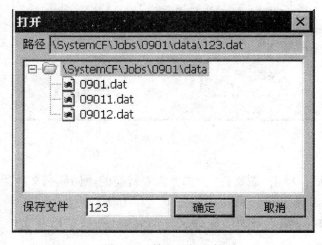

图 6-41　输入目标文件

单击"确定", 出现如图 6-42 所示的窗口。

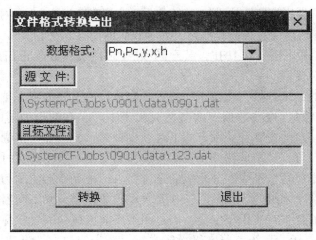

图 6-42　确定目标文件

单击"转换", 出现如图 6-43 所示的窗口, 文件已经转换为所需要的格式。

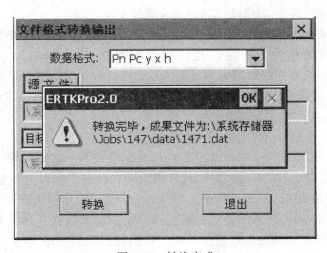

图 6-43　转换完成

　　在系统文件夹下找到工程文件夹, 打开 data 文件夹, 找到转换后的文件, 把该文件复制到相应的工程项目文件夹即可。

6.4.3　网络 RTK

　　在实时动态测量(RTK)作业中, 基准站将原始观测数据、位置信息和天线相关参数编码成标准差分信息播发, 移动站通过模糊度的实时解算, 实时地获得厘米级的定位精度, 是目前最常用的测量技术之一。但这种模式对电磁干扰、大气扰动敏感, 基线长度一般不宜超过 15km, 差分数据延时最好小于 3s, 对观测环境条件要求较高。单基站差分定位能够用相对简单的设备获得较高的定位精度，但实际应用中存在较明显的缺陷，主要表现在：

（1）定位精度随着基线长度的增加而衰减，有效作用区域有限，数据质量不均匀；

（2）用户需要自己建设、维护基准站，要求较高的专业水平；

（3）通信链路多采用超高频 UHF，甚至高频 VHF 播发差分改正信息，要求测站间准光学通视，应用场合受限。

随着信息时代的到来，数字化城市已成为国家建设的重要内容，越来越多的行业利用 GPS 获取空间位置信息，这些数据有的直接应用于生产，有的作为辅助手段应用于科学研究。在空间位置信息的精度和获取方式上存在多种需求，例如，车辆导航和个人定位需要米级准动态实时定位；城镇地籍调查、工程放样需要厘米级动态实时定位；土地利用现状的变更和更新调查包括了米级和分米级的定位要求；地壳变形监测和地震预报则需要事后差分数据处理获取毫米级的定位精度，并要求观测数据全天候不间断采集；气象预报和大气监测获得位置信息不直接用于定位，而是用来反演区域的大气状况。可以看出，行业对 GPS 定位的精度包括了米级、分米级、厘米级、毫米级要求，有实时差分定位，也有事后差分定位模式，兼容了瞬间位置信息获取和全天候数据跟踪两种方式。显然，GPS 单点定位、单基站差分定位难以全面满足上述需求，迫切需要结合现代数据通信技术，研究能够覆盖一定区域、保证不同精度等级，既能用于实时差分又能提供原始观测数据的多基准站连续运行系统，使区域应用成为一个有效的整体。

由卫星定位系统接收机（含天线）、计算机、气象设备、通信设备及电源设备、观测墩等构成的观测系统称为卫星定位连续运行基准站（Continuously Operating Reference Station，CORS），它长期连续跟踪观测卫星信号，通过数据通信网络定时、实时或按数据中心的要求将观测数据传输到数据中心，它可独立或组网提供实时、快速或事后的数据服务。于是网络 RTK 应运而生。

1. 基本原理

网络 RTK 是近几年发展的一种高精度的 GPS 定位技术。它是在某一区域内建立多个（一般为 3 个或 3 个以上）基准站，对该地区构成网状覆盖，并以这些基准站中的一个或多个为基准，计算和发播区域改正信息，对该地区内的卫星定位用户进行实时误差改正的定位技术。GPS 网络 RTK 技术的关键是融合基准站的观测数据，利用不同的算法，生成与流动站上真实误差较为相近的误差改正数，以消除或削弱网络 RTK 中空间相关误差对定位的影响。

2. 技术手段

目前，根据改正数发布机制的不同，可分为虚拟参考站（VRS）技术、区域广播改正数技术（FKP）、主辅站（MAC）技术等，其中，VRS 技术是网络 RTK 中一种较好的方法。

VRS（Virtual Reference Station）技术最早由 Trimble Terrasat 公司于 2001 年第十三届国际卫星导航技术会议上提出，与常规 RTK 不同，VRS 网络中，各固定参考站不直接向移动用户发送任何改正信息，而是将所有的原始数据通过数据通信线发给控制中心；同时，移动用户在工作前，先通过 GSM 的短信息功能向控制中心发送一个概略坐标，控制中心收到这个位置信息后，根据用户位置，由计算机自动选择最佳的一组固定基准站，根据这些站发来的信息，整体地改正 GPS 的轨道误差、电离层、对流层和大气折射引起的误差，将高精度的差分信号发给移动站。这个差分信号的效果相当于在移动站旁边，生成一个虚拟的参考基站，从而解决了 RTK 作业距离上的限制问题，并保证了用户的精度。Trimble 需要移动站先将接收机的位置信息发送到数据处理中心，数据处理中心会根据移动站的位置"虚拟"出一个参考站，然后，将虚拟出的参考站改正数据播发给移动站，所以在这条通信线路上是双向通信的。而通用的位置信息就是 NMEA-0183 中的 GGA 信息，所以，Trimble 的 CORS 都需要用户以一定的频率播发 GGA 信息。

1）虚拟基准站 VRS 系统组成

整个系统由基准站网、数据处理中心、数据通信线路、数据播发、用户五部分组成，如图 6-44 所示。

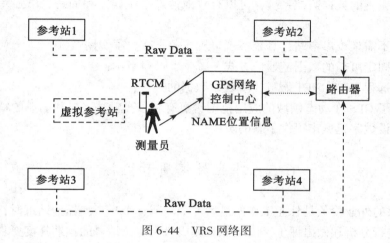

图 6-44　VRS 网络图

2）虚拟基准站法 RTK 系统工作原理

如果在某一大区域内，均匀布设若干个（3 个以上）连续运行的 GPS 基准站，构成一个基准站网，就可以借鉴广域差分 GPS 和具有多个基准站的局域差分 GPS 中的基本原理和方法，经过有效的组合，移动站将其概略坐标播给控制中心，然后控制中心收集周围基准站的数据进行网平差，算出移动站的虚拟观测值，又将这些观测值播发给移动站，从而实时算出移动站精密坐标。

基准站上应配置双频全波长 GPS 接收机，该接收机能同时提供精确的双频伪距观测值。基准站按规定的采样率进行连续观测，并通过数据链实时将观测资料传送给数据处理中心，其通信方式可采用数字数据网或其他方式。而流动站可以采用数字移动电话网络，如 GSM、CDMA、GPRS 等方式向控制中心传送标准的 NMEA 位置信息，告知它的概略位置。控制中心接收到信息后，重新计算所有 GPS 观测数据，并内插到与流动站相匹配的位置。数据处理中心根据流动站送来的近似坐标，判断该站位于哪 3 个基准站所组成的区域内，然后根据这 3 个基准站的观测资料求出该流动站处所受到的系统误差，再向流动站发送改正过的 RTCM 信息，流动站根据接收到的 RTCM 信息，结合自身 GPS 观测值，组成双差相位观测值，快速确定整周模糊度参数和位置信息，完成实时定位。流动站可以位于 VRS 网络中任何一点，这样，流动站的 RTK 接收机的定位系统误差就能减少或削弱，提高了定位的准确度、可靠度。这是一种为一个虚拟的、没有实际架设基准站建立原始基准数据的技术，故称为虚拟基准站(VRS)。

由此可知，虚拟基准站法是设法在与移动站相距数米或数十米处建立虚拟的基准站。并根据周围各基准站上的实际观测值算出该虚拟基准站上的虚拟观测值，由于虚拟站离移动站相当近，相关误差能够得到很好的消除，故流动站只需采用常规 RTK 技术就能利用虚拟基准站进行实时相对定位，获得较准确的定位结果。

3. 网络 RTK 技术的优点

网络 RTK 技术的出现，改变了传统 RTK 测量作业方式，主要体现在：

(1)改进了初始化时间、扩大了有效工作的范围；

(2)采用连续基站，用户随时可以观测，使用方便，提高了工作效率；

(3)拥有完善的数据监控系统，可以有效地消除系统误差和周跳，增强差分作业的可靠性；

(4)用户不需架设参考站，真正实现单机作业，减少了费用；

(5)使用固定可靠的数据链通信方式，减少了噪声干扰；

(6)提供远程 INTERNET 服务，实现了数据的共享；

(7)扩大了 GPS 在动态领域的应用范围，更有利于车辆、飞机和船舶的精密导航；

(8)为建设数字化城市提供了新的契机。

6.5　外业数据质量检核

观测成果的外业检核是外业工作的最后一个环节，每当观测任务结束时，必须对观测数据的质量进行分析和做出评价，以确保观测成果和定位结果的预期精度要求。检查的依据应包括任务或合同书以及现行国家、行业和地方有关技术标准以及技术设计。

1. 数据剔除率

数据剔除率是删除的观测值个数与应获取的观测值个数的比值。一时段内数据剔除率应小于 10%。

2. 重复观测边的检核

具有多个时段独立观测结果的边称为重复观测边。对于重复观测边的任意两个时段的成果互差，均应小于相应等级规定精度的 $2\sqrt{2}$ 倍。

3. 独立边构成的环闭合差检核

当独立观测的基线向量构成闭合环时，各边的坐标差之和理论上应为零，但是由于多种误差的存在，环中各独立观测边的坐标差分量闭合差不为零，设其为

$$W_X = \sum_{i=1}^{n} \Delta X_i, \ W_Y = \sum_{i=1}^{n} \Delta Y_i, \ W_Z = \sum_{i=1}^{n} \Delta Z_i \qquad (6\text{-}12)$$

式中，n 为闭合环中的边数。

此时环闭合差的定义为

$$W = (W_X^2 + W_Y^2 + W_Z^2)^{\frac{1}{2}} \qquad (6\text{-}13)$$

《全球定位系统(GPS)测量规范》GB/T18314—2009(以下简称《规范》)规定 C 级以下各级网及 B 级 GPS 网外业基线预处理结果，其独立闭合环或附合路线坐标闭合差应满足：

$$\left.\begin{array}{l} W_X \leqslant 3\sqrt{n}\,\sigma \\[4pt] W_Y \leqslant 3\sqrt{n}\,\sigma \\[4pt] W_Z \leqslant 3\sqrt{n}\,\sigma \\[4pt] W \leqslant 3\sqrt{3n}\,\sigma \end{array}\right\} \tag{6-14}$$

式中，σ 为相应级别规定的精度（按平均边长计算）。

4. 同步环闭合差检核

同步环中各边为多台接收机同步观测的结果，并非独立，理论上同步环闭合差应为零。但是，由于模型误差和处理软件的内在缺陷，常不为零，其差值应满足下式规定：

$$W_X \leqslant \frac{\sqrt{n}}{5}\sigma, \quad W_Y \leqslant \frac{\sqrt{n}}{5}\sigma, \quad W_Z \leqslant \frac{\sqrt{n}}{5}\sigma, \quad W \leqslant \frac{\sqrt{3n}}{5}\sigma \tag{6-15}$$

式中，σ 为相应级别规定的精度（按平均边长计算）。

5. 重测和补测

对经过检核超限的基线，在充分分析的基础上，进行野外返工观测。

(1)未按施测方案要求，外业缺测、漏测，或数据处理后观测数据不满足《规范》规定时，有关成果应及时补测；

(2)允许舍弃在复测基线边长较差、同步环闭合差、独立环或附合路线闭合差检验中超限的基线，而不必进行该基线或与该基线有关的同步图形的重测，但必须保证舍弃基线后的独立环所含基线数，不得超过《规范》的规定，否则，应重测与该基线有关的同步图形；

(3)由于点位不满足 GPS 测量要求而造成一个测站多次重测仍不能满足各种限差检核要求时，经主管部门批准，可以布设新点重测或者舍弃该点；

(4)对需补测或重测的观测时段或基线，要具体分析原因，在满足《规范》要求的前提下，尽量安排一起进行同步观测；

(5)补测或重测的分析应写入数据处理报告。

6.6 技术总结与资料上交

1. 技术总结的作用

在完成了 GPS 网的布设、外业观测及内业数据处理后，应认真完成技术总结。每项 GPS 工程的技术总结是工程一系列必要文档的主要组成部分，便于今后对成果全面加以利用。同时，通过对整个工程的总结，测量作业单位还能够总结经验，发现不足，为今后进行新的工程提供参考。

2. 技术总结的内容

技术总结需要包含以下内容：

(1)项目来源：介绍项目的来源、性质。

(2)测区概况：介绍测区的地理位置、气候、人文、经济发展状况、交通条件、通信条件等。

(3)工程概况：介绍工程目的、作用、要求、等级（精度）、完成时间等。

（4）技术依据：介绍作业所依据的测量规范、工程规范、行业标准等。

（5）施测方案：介绍测量所采用的接收设备类型与数量以及检验情况、采取的布网方法等。

（6）作业要求：介绍外业观测时的具体操作规程、技术要求等，包括仪器参数的设置（如采样率、截止高度角等）、对中精度、整平精度、天线高的量测方法及精度要求以及补测、重测情况。

（7）作业情况：介绍外业观测时实际遵循的操作规程、技术要求、作业观测情况、工作量、观测成果等。

（8）观测质量控制：介绍外业观测的质量要求，包括质量控制方法及各项限差要求，野外数据检核。

（9）数据处理情况：介绍数据处理方法、过程、结果及精度统计与分析情况，起算数据情况和数据预处理内容、方法及软件情况。

（10）结论：上交成果存在问题和需要说明的其他问题，对整个工程的质量及成果做出结论。

（11）各种附表与附图。

3. 上交资料

应整理上交以下技术成果资料：

（1）测量任务书与专业设计书；

（2）点之记、环视图和测量标志委托保管书；

（3）卫星可见性预报表和观测计划；

（4）外业观测记录、测量手簿及其他记录；

（5）接收设备、气象及其他仪器的检验资料；

（6）外业观测数据质量分析及野外检核计算资料；

（7）数据加工处理中生成的文件、资料和成果表；

（8）GPS 网展点图；

（9）技术总结和成果验收报告。

习题和思考题

1. GPS 网设计的主要技术依据是什么？

2. GPS 网位置基准设计的内容是什么？

3. GPS 网的构成形式有哪些？各有哪些优缺点？

4. 如何编制作业调度计划？

5. GPS 技术设计书的内容有哪些？

6. 单基准站 RTK 系统由哪几大部分组成？各有何作用？

7. 简述网络 RTK 的基本原理。

8. 一项 GPS 工程应上交哪些技术成果资料？

第 7 章 GPS 测量数据处理

☞ **教学目标**

　　GPS 观测数据本身含有各种误差，需要通过对观测数据进行处理才能获得最终的定位结果。通过学习本章，了解 GPS 数据处理的基本流程，理解基线向量解算、无约束平差、约束平差以及 GPS 网与地面网联合平差的基本原理，掌握常用 GPS 随机软件的操作使用、GPS 基线向量解算的质量评定指标以及利用 GPS 水准测量将大地高转化为正常高的方法。

7.1 概　　述

　　GPS 接收机采集记录的是 GPS 接收机天线至卫星的伪距、载波相位和卫星星历等数据。如果采样间隔为 15s，则每 15s 记录一组观测值。一台接收机连续观测 1h，将有 240 组观测值。观测值中包含对 4 颗以上卫星的观测数据以及地面气象观测数据等。数据处理就是从原始观测值出发，得到最终的测量定位成果，其数据处理过程大致可划分为数据传输、数据预处理、基线解算和网平差等几个阶段，GPS 数据处理的流程如图 7-1 所示。

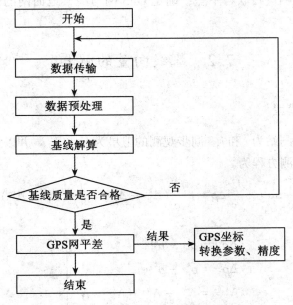

图 7-1　GPS 数据处理流程

1. 数据传输

由于观测过程中，接收机采集的数据存储在接收机内部存储器上，进行数据处理时必须将其下载到计算机上，这一数据下载过程即数据传输。通常，不同厂商的 GPS 接收机有不同的数据存储格式，若采用的数据处理软件不能读取该格式的数据，则需事先进行数据格式转换，通常转换为 RINEX 格式，以便数据处理软件读取。

数据传输的同时进行数据分流，生成四个数据文件：载波相位和伪距观测值文件、星历参数文件、电离层参数和 UTC 参数文件、测站信息文件。

2. 数据预处理

数据预处理的目的是对数据进行平滑滤波检验、剔除粗差；统一数据文件格式，并将各类数据文件加工成标准化文件(如 GPS 卫星轨道方程的标准化、卫星钟钟差标准化、观测值文件标准化等)；找出整周跳变点并修复观测值；对观测值进行各种模型改正，为后面的计算工作做准备。

3. 基线解算

在基线解算过程中，通过对多台接收机的同步观测数据进行复杂的平差计算，得到基线向量及其相应的方差-协方差阵。解算中，要顾及周跳引起的数据剔除、观测数据粗差的发现和剔除、星座变化引起的整周未知数的增加等问题。基线解算的结果除了用于后续网平差外，还被用于检验和评估外业观测数据质量，它提供了点与点之间的相对位置关系，可确定网的形状和定向，而要确定网的位置基准，则需要引入外部起算数据。

4. 网平差

在网平差阶段，将基线解算所确定的基线向量作为观测值，将基线向量的验后方差-协方差阵作为确定观测值的权阵，同时，引入适当的起算数据，进行整网平差，确定网中各点的坐标。

实际应用中，往往还需要将 WGS-84 坐标系统中的平差结果按用户需要进行坐标系统的转换，或者与地面网进行联合平差，确定 GPS 网与经典地面网的转换参数，改善已有的经典地面网。

7.2 基线向量的解算

7.2.1 观测值模型

设在基线两端的测站为 i 和 j，同步观测的卫星为 k_1 和 k_2，并以 k_1 为参考卫星，则得到站星二次差分的观测方程为

$$\Delta\Phi_{ij}^{k_1k_2}(t_i) = -\frac{f_s^{k_1}}{c}\Delta\rho^{k_1} + \frac{f_s^{k_2}}{c}\Delta\rho^{k_2} + \frac{f_s^{k_1}}{c}(\Delta_i^{k_1}-\Delta_j^{k_1}) - \frac{f_s^{k_2}}{c}(\Delta_i^{k_2}-\Delta_j^{k_2}) + N_{ij}^{k_1k_2} + \varepsilon_{ij}^{k_1k_2} \quad (7\text{-}1)$$

式中，ρ 为站星距。

$$\left.\begin{aligned}\Delta\rho^{k_1} &= \rho_i^{k_1} - \rho_j^{k_1}\\\Delta\rho^{k_2} &= \rho_i^{k_2} - \rho_j^{k_2}\\N_{ij}^{k_1k_2} &= N_i^{k_1} - N_j^{k_1} - N_i^{k_2} + N_j^{k_2}\\\varepsilon_{ij}^{k_1k_2} &= \varepsilon_i^{k_1} - \varepsilon_j^{k_1} - \varepsilon_i^{k_2} + \varepsilon_j^{k_2}\end{aligned}\right\} \quad (7\text{-}2)$$

为了解算基线向量坐标(Δx_{ij}，Δy_{ij}，Δz_{ij})，假设 i 点为已知点，如图 7-2 所示，设接收机至卫星方向的单位向量为 u，则有 $u_i^{k_1}$、$u_i^{k_2}$、$u_j^{k_1}$、$u_j^{k_2}$。

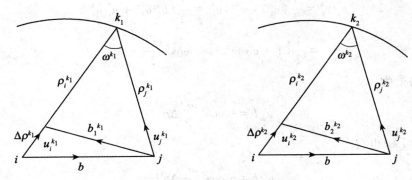

图 7-2　基线向量 b 与站星距 ρ 的关系

令

$$\left.\begin{aligned}
\Delta u_1^{k_1} &= u_i^{k_1} - u_j^{k_1} \\
\Delta u_2^{k_2} &= u_i^{k_2} - u_j^{k_2} \\
u_m^{k_1} &= \frac{1}{2}(u_i^{k_1} + u_j^{k_1}) \\
u_m^{k_2} &= \frac{1}{2}(u_i^{k_2} + u_j^{k_2})
\end{aligned}\right\} \qquad (7\text{-}3)$$

则可得

$$\left.\begin{aligned}
b_1^{k_1} &= -\rho_j^{k_1}\Delta u^{k_1} \\
b_2^{k_2} &= -\rho_j^{k_2}\Delta u^{k_2}
\end{aligned}\right\} \qquad (7\text{-}4)$$

于是有

$$b + b_1^{k_1} = \Delta\rho^{k_1}u_i^{k_1} \qquad (7\text{-}5)$$

即

$$b - \rho_j^{k_1}\Delta u^{k_1} = \Delta\rho^{k_1}u_i^{k_1} \qquad (7\text{-}6)$$

同样，对卫星 k_2 有

$$b - \rho_j^{k_2}\Delta u^{k_2} = \Delta\rho^{k_2}u_i^{k_2} \qquad (7\text{-}7)$$

将式(7-6)两边同乘以 $u_m^{k_1}$ 取点积，即

$$u_m^{k_1}b - \rho_j^{k_1}(\Delta u_m^{k_1}\Delta u^{k_1}) = \Delta\rho^{k_1}(u_m^{k_1}u_i^{k_1}) \qquad (7\text{-}8)$$

因为

$$\begin{aligned}
\Delta u_m^{k_1}\Delta u^{k_1} &= \frac{1}{2}(u_i^{k_1} + u_j^{k_1})(u_i^{k_1} - u_j^{k_1}) \\
&= \frac{1}{2}(u_i^{k_1}u_i^{k_1} + u_j^{k_1}u_i^{k_1} - u_i^{k_1}u_j^{k_1} - u_j^{k_1}u_j^{k_1}) \\
&= \frac{1}{2}(1 - 1) = 0
\end{aligned}$$

又因为

$$\cos\omega^{k_1} = u_i^{k_1} u_j^{k_1} = u_j^{k_1} u_i^{k_1} \tag{7-9}$$

$$
\begin{aligned}
u_m^{k_1} u_i^{k_1} &= \frac{1}{2}(u_i^{k_1} + u_j^{k_1}) u_i^{k_1} = \frac{1}{2}(u_i^{k_1} u_i^{k_1} + u_j^{k_1} u_i^{k_1}) \\
&= \frac{1}{2}(1 + \cos\omega^{k_1}) = -\cos^2\frac{\omega^{k_1}}{2}
\end{aligned} \tag{7-10}
$$

于是式(7-8)变为

$$u_m^{k_1} b = -\cos^2\frac{\omega^{k_1}}{2}\Delta\rho^{k_1} \tag{7-11}$$

同理，对卫星 k_2 也有

$$u_m^{k_2} b = -\cos^2\frac{\omega^{k_2}}{2}\Delta\rho^{k_2} \tag{7-12}$$

将式(7-11)和式(7-12)改写成

$$\Delta\rho^{k_1} = -\sec^2\frac{\omega^{k_1}}{2}u_m^{k_1} b \tag{7-13}$$

$$\Delta\rho^{k_2} = -\sec^2\frac{\omega^{k_2}}{2}u_m^{k_2} b \tag{7-14}$$

将上面两式代入式(7-1)，得

$$
\begin{aligned}
\Delta\varPhi_{ij}^{k_1 k_2}(t_i) &= \left(\frac{f_s^{k_1}}{c}\sec^2\frac{\omega^{k_1}}{2}u_m^{k_1} - \frac{f_s^{k_2}}{c}\sec^2\frac{\omega^{k_2}}{2}u_m^{k_2}\right) b + \frac{f_s^{k_1}}{c}(\Delta_i^{k_1} - \Delta_j^{k_1}) \\
&\quad - \frac{f_s^{k_2}}{c}(\Delta_i^{k_2} - \Delta_j^{k_2}) + N_{ij}^{k_1 k_2} + \varepsilon_{ij}^{k_1 k_2}
\end{aligned} \tag{7-15}
$$

令 $-\varepsilon_{ij}^{k_1 k_2} = V_{ij}^{k_1 k_2}(t_i)$，则可得到误差方程为

$$
\begin{aligned}
V_{ij}^{k_1 k_2}(t_i) &= \left(\frac{f_s^{k_1}}{c}\sec^2\frac{\omega^{k_1}}{2}u_m^{k_1} - \frac{f_s^{k_2}}{c}\sec^2\frac{\omega^{k_2}}{2}u_m^{k_2}\right) b + \frac{f_s^{k_1}}{c}(\Delta_i^{k_1} - \Delta_j^{k_1}) \\
&\quad - \frac{f_s^{k_2}}{c}(\Delta_i^{k_2} - \Delta_j^{k_2}) + N_{ij}^{k_1 k_2} - \Delta\varPhi_{ij}^{k_1 k_2}(t_i)
\end{aligned} \tag{7-16}
$$

当基线长度小于 40km 时，$\sec^2\dfrac{\omega^{k_2}}{2}$ 与 1 之差小于 1×10^{-6}，因此取 $\sec^2\dfrac{\omega^{k_2}}{2}=1$，另外，$f_s^{k_1}$ 和 $f_s^{k_2}$ 之差也小于 1×10^{-6}，故可用标频 f_s 代替。

设基线向量 b 的近似值和初始整周未知数 $N_{ij}^{k_1 k_2}$ 的近似值分别为 $(\Delta x_{ij}^0 \quad \Delta y_{ij}^0 \quad \Delta z_{ij}^0)^T$ 和 $(N_{ij}^{k_1 k_2})^0$，其改正数分别为 $(\delta x_{ij} \quad \delta y_{ij} \quad \delta z_{ij})^T$ 和 $\delta N_{ij}^{k_1 k_2}$，并且顾及

$$u_p^q = \frac{1}{\rho_p^q}(\Delta x_p^q \quad \Delta y_p^q \quad \Delta z_p^q)^T \quad (p = i, j; q = k_1, k_2) \tag{7-17}$$

代入式(7-16)，即得到纯量形式的误差方程

$$V_{ij}^{k_1 k_2} = a_{ij}^{k_1 k_2}\delta x_{ij} + b_{ij}^{k_1 k_2}\delta y_{ij} + c_{ij}^{k_1 k_2}\delta z_{ij} + \delta N_{ij}^{k_1 k_2} + W_{ij}^{k_1 k_2} \tag{7-18}$$

式中，

$$a_{ij}^{k_1 k_2} = \frac{1}{2} \times \frac{f_s}{c} \left(\frac{\Delta x_i^{k_1}}{\rho_i^{k_1}} + \frac{\Delta x_j^{k_1}}{\rho_j^{k_1}} - \frac{\Delta x_i^{k_2}}{\rho_i^{k_2}} - \frac{\Delta x_j^{k_2}}{\rho_j^{k_2}} \right)$$

$$b_{ij}^{k_1 k_2} = \frac{1}{2} \times \frac{f_s}{c} \left(\frac{\Delta y_i^{k_1}}{\rho_i^{k_1}} + \frac{\Delta y_j^{k_1}}{\rho_j^{k_1}} - \frac{\Delta y_i^{k_2}}{\rho_i^{k_2}} - \frac{\Delta y_j^{k_2}}{\rho_j^{k_2}} \right)$$ \qquad (7-19)

$$c_{ij}^{k_1 k_2} = \frac{1}{2} \times \frac{f_s}{c} \left(\frac{\Delta z_i^{k_1}}{\rho_i^{k_1}} + \frac{\Delta z_j^{k_1}}{\rho_j^{k_1}} - \frac{\Delta z_i^{k_2}}{\rho_i^{k_2}} - \frac{\Delta z_j^{k_2}}{\rho_j^{k_2}} \right)$$

$$W_{ij}^{k_1 k_2} = a_{ij}^{k_1 k_2} \Delta x_{ij}^0 + b_{ij}^{k_1 k_2} \Delta y_{ij}^0 + c_{ij}^{k_1 k_2} \Delta z_{ij}^0 + (N_{ij}^{k_1 k_2})^0 - \Delta \Phi_{ij}^{k_1 k_2}(t_i)$$

7.2.2 法方程的组成及解算

式(7-18)为任一历元 t_i，测站 i、j 和卫星 k_1、k_2 的双差观测值误差方程。若 t_i 历元两观测站同步观测的卫星为 sv，则可得到 $sv-1$ 个误差方程，相应要引入 $sv-1$ 个初始整周未知数，即 t_i 历元共有 $(sv-1)+3$ 个未知数。如果两观测站对所有 sv 个卫星进行了连续观测，其历元数为 n，则总共有 $m = n(sv-1)$ 个误差方程，写成矩阵形式有

$$V = AX + L \qquad (7-20)$$

式中，
$$V = (V_1 \quad V_2 \quad \cdots \quad V_m)^T$$
$$X = (\delta x \quad \delta y \quad \delta z \quad \delta N_1 \quad \delta N_2 \quad \cdots \quad \delta N_{sv-1})^T$$
$$L = (W_1 \quad W_2 \quad \cdots \quad W_m)^T$$

$$A = \begin{bmatrix} a_{11} & a_{12} & a_{13} & 1 & 0 & \cdots & 0 \\ a_{21} & a_{22} & a_{23} & 1 & 0 & \cdots & 0 \\ \vdots & \vdots & \vdots & \vdots & \vdots & & \vdots \\ a_{j1} & a_{j2} & a_{j3} & 1 & 0 & \cdots & 0 \\ \vdots & \vdots & \vdots & \vdots & \vdots & & \vdots \\ a_{m-j,\,1} & a_{m-j,\,2} & a_{m-j,\,3} & 0 & 0 & \cdots & 1 \\ \vdots & \vdots & \vdots & \vdots & \vdots & & \vdots \\ a_{m-1,\,1} & a_{m-1,\,2} & a_{m-1,\,3} & 0 & 0 & \cdots & 1 \\ a_{m,\,1} & a_{m,\,2} & a_{m,\,3} & 0 & 0 & \cdots & 1 \end{bmatrix} \begin{matrix} \left.\begin{matrix} \\ \\ \\ \\ \end{matrix}\right\} 第 1 对卫星 \\ \\ \left.\begin{matrix} \\ \\ \\ \\ \end{matrix}\right\} 第 sv-1 对卫星 \end{matrix}$$

设各类双差观测值等权且相互独立，即权阵 P 为单位阵，则可组成法方程

$$NX + B = 0 \qquad (7-21)$$

式中，
$$N = A^T A$$
$$B = A^T L$$

于是可解得 X 为

$$X = -N^{-1}B = -(A^T A)^{-1}(A^T L) \qquad (7-22)$$

基线向量坐标平差值为

$$\left. \begin{matrix} \Delta x_{ij} = \Delta x_{ij}^0 + \delta x_{ij} \\ \Delta y_{ij} = \Delta y_{ij}^0 + \delta y_{ij} \\ \Delta z_{ij} = \Delta z_{ij}^0 + \delta z_{ij} \end{matrix} \right\} \qquad (7-23)$$

基线长度的平差值为

$$b = \sqrt{\Delta x_{ij}^2 + \Delta y_{ij}^2 + \Delta z_{ij}^2} \qquad (7-24)$$

整周未知数平差值为

$$N_i = N_i^0 + \delta N_i \quad (i = 1, 2, \cdots, sv - 1) \tag{7-25}$$

7.2.3 精度评定

1. 单位权中误差估值

单位权中误差估值 m_0 可由下式计算：

$$m_0 = \sqrt{\frac{V^T P V}{m - sv - 2}} = \sqrt{\frac{V^T V}{m - sv - 2}} \tag{7-26}$$

式中，

$$V^T V = (AX + L)^T (AX + L) = L^T L + B^T X \tag{7-27}$$

2. 平差值的精度估值

未知数向量 X 中任一分量的中误差估值为

$$m_{x_i} = m_0 \sqrt{\frac{1}{P_{x_i}}} = m_0 \sqrt{Q_{x_i x_i}} \quad (i = 1, 2, \cdots, sv + 2) \tag{7-28}$$

式中，P_{x_i} 为未知数 x_i 的权，可直接由法方程系数阵逆阵 N^{-1} 的对角元素求得。

3. 基线长度 b 的精度估算

将基线向量长度式(7-24)线性化，得

$$b = b_0 + \frac{\Delta x_{ij}^0}{b_0} \delta x_{ij} + \frac{\Delta y_{ij}^0}{b_0} \delta y_{ij} + \frac{\Delta z_{ij}^0}{b_0} \delta z_{ij} \tag{7-29}$$

式中，$b_0 = \sqrt{(\Delta x_{ij}^0)^2 + (\Delta y_{ij}^0)^2 + (\Delta z_{ij}^0)^2}$。

可得到基线长度的权函数式

$$\delta b = f^T \Delta X \tag{7-30}$$

式中，

$$f = \left(\frac{\Delta x_{ij}^0}{b_0} \quad \frac{\Delta y_{ij}^0}{b_0} \quad \frac{\Delta z_{ij}^0}{b_0} \right)^T$$

$$\Delta X = (\delta x_{ij} \quad \delta y_{ij} \quad \delta z_{ij})^T$$

由协因数传播率可得到

$$Q_{\delta b} = f^T Q_{\Delta X} f \tag{7-31}$$

式中，基线向量坐标未知数 ΔX 的协因数阵 $Q_{\Delta X}$ 可由 N^{-1} 中取出，即

$$Q_{\Delta X} = \begin{bmatrix} Q_{\delta x_{ij}} & Q_{\delta x_{ij} \delta y_{ij}} & Q_{\delta x_{ij} \delta z_{ij}} \\ Q_{\delta y_{ij} \delta x_{ij}} & Q_{\delta y_{ij}} & Q_{\delta y_{ij} \delta z_{ij}} \\ Q_{\delta z_{ij} \delta x_{ij}} & Q_{\delta z_{ij} \delta y_{ij}} & Q_{\delta z_{ij}} \end{bmatrix}$$

则基线长度 b 的中误差估值为

$$m_b = m_0 \sqrt{Q_{\delta b}} \tag{7-32}$$

基线长度相对中误差估值为

$$m_r = \frac{m_b}{b} \tag{7-33}$$

7.2.4 基线解算结果的质量评定指标

基线解算是 GPS 静态相对定位数据后处理过程中的重要环节，其解算结果是 GPS 基

线向量网平差的基础数据，其质量好坏直接影响到 GPS 静态相对定位测量的成果和精度。基线解算的基本流程如图 7-3 所示。

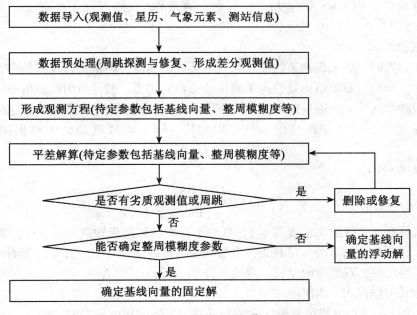

图 7-3　基线向量的解算流程

影响 GPS 基线解算精度的因素很多，也很复杂，概括起来，影响基线解算质量的因素有观测值的质量、观测的几何条件、卫星轨道数据的质量及数据处理的模型和方法等。基线解算的误差来源主要为 GPS 卫星星座误差、GPS 卫星信号传播误差及观测过程中产生的误差，故应控制基线向量解算的相关指标。

基线向量质量控制的目的是为后续数据处理分析提供合格的基线向量结果。基线质量控制指标可分为相对指标、半相对指标、绝对指标。相对指标只是对解算质量的一般性评价，无法准确判定解算质量合格与否；半相对指标可确定质量是否不合格，却无法准确判定质量是否合格；绝对指标则可确切判定质量合格与否。

1. 相对指标

1) 单位权方差因子(参考因子) $\hat{\sigma}_0$

定义：

$$\hat{\sigma}_0 = \frac{V^{\mathrm{T}} P V}{n} \tag{7-34}$$

式中，V 为观测值的残差；P 为观测值的权；n 为观测值的总数。

单位权方差因子以 mm 为单位，该值越小，表明基线的观测值残差越小且相对集中，观测质量也较好，它可在一定程度上反映观测值质量的优劣。

2) 观测值残差的均方根 RMS

定义：

$$RMS = \frac{V^T V}{n} \qquad (7\text{-}35)$$

RMS 表明了观测值与参数估值间的符合程度，观测质量越好，RMS 就越小；反之，观测值质量越差，则 RMS 就越大，它不受观测条件（观测期间卫星分布图形）好坏的影响。

3）数据删除率

在基线解算时，如果观测值的改正数大于某一个阈值，则认为该观测值含有粗差，需要将其删除。被删除观测值的数量与观测值的总数的比值，就是所谓的数据删除率。

数据删除率从某一方面反映出了 GPS 原始观测值的质量。数据删除率越高，说明观测值的质量越差。GPS 测量技术规范一般规定，同一时段观测值的数据删除率应小于 10%。

4）比率 RATIO

$$RATIO = \frac{RMS_{次最小}}{RMS_{最小}} \qquad (7\text{-}36)$$

由公式可看出，该值大于或等于 1，反映了所确定整周未知数的可靠性，值越大，可靠性越高。它既与观测值的质量有关，也与观测条件的好坏有关，通常，观测时卫星数量越多，分布越均匀，观测时间越长，观测条件也越好。

5）相对几何强度因子 RDOP

RDOP 值指的是在基线解算时待定参数的协因数阵的迹的平方根，即

$$RDOP = \sqrt{tr(Q)} \qquad (7\text{-}37)$$

RDOP 值的大小与基线位置和卫星在空间中的几何分布及运行轨迹（即观测条件）有关，当基线位置确定后，RDOP 值就只与观测条件有关了，而观测条件又是时间的函数，因此，实际上，对与某条基线向量来讲，其 RDOP 值的大小与观测时间段有关。

RDOP 表明了 GPS 卫星的状态对相对定位的影响，即取决于观测条件的好坏，它不受观测值质量好坏的影响。

以上是判定基线解算质量的相对指标，它们只是在一定程度上反映观测值质量的优劣，还无法判定基线解算质量是否合格。

2. 半相对指标（同步环闭合差）

同步环闭合差指同步观测基线所组成的闭合环的闭合差。从理论上讲，同步观测基线间具有一定的内在联系，从而使同步环闭合差三维向量总和为 0。只要基线解算数学模型正确、数据处理无误，即使观测值质量不好，同步环闭合差也有可能非常小。所以，同步环闭合差不超限，不能说明环中所有基线质量合格；同步环闭合差超限，则肯定表明闭合环中至少有一条基线向量有问题。

3. 绝对质量指标

1）异步环闭合差

异步环闭合差指相互独立的基线组成的闭合环的三维向量闭合差。异步环闭合差满足限差要求，说明组成异步环的所有基线向量质量合格；异步环闭合差不满足限差要求，则表明组成异步环的基线向量中至少有一条基线向量的质量有问题。若要确定哪些基线向量不合格，则可以通过多个相邻的异步环闭合差检验或重复观测基线较差来确定。在实际作

业中，将各基线同步观测时间少于观测时间的 40%所组成的闭合环按异步环处理。

2）重复基线较差

重复观测基线较差指不同观测时段，对同一条基线进行重复观测的观测值间的差异。当其满足限差要求时，说明基线向量解算合格；当不满足限差要求时，则说明至少有一个时段观测的基线有问题，这条基线可通过多条复测基线来判定哪个时段的基线观测值有问题。

绝对质量指标是判定基线质量合格与否的重要参数，在进行网平差之前，一定要进行这两项指标的计算与检验，一般情况下，网中所有基线均应进行异步环闭合差检验。

7.3　基线向量网平差

在 GPS 网平差中，通过引入起算点坐标，可以达到引入绝对基准的目的。在 GPS 控制网的平差中，是以基线向量及其方差-协方差为基本观测量的，通常采用三维无约束平差、三维约束平差及三维联合平差三种平差模型。各类型的平差具有各自不同的功能，必须分阶段采用不同类型的网平差方法。基线向量网平差的流程如图 7-4 所示。

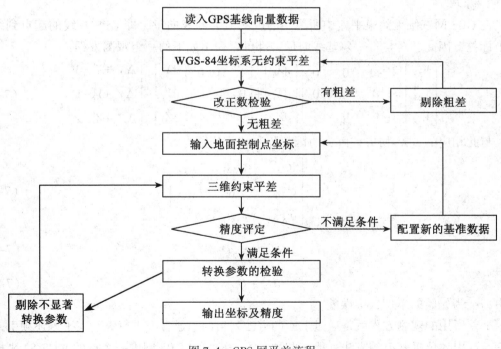

图 7-4　GPS 网平差流程

7.3.1　三维无约束平差

GPS 网的三维无约束平差是在 WGS-84 三维空间直角坐标系下进行的，指的是在平差时不引入会造成 GPS 网产生由非观测量所引起的变形的外部起算数据。常见的 GPS 网的无约束平差，一般是在平差时没有起算数据或没有多余的起算数据。

1. 作用

GPS 网的三维无约束平差有以下三个主要作用：

（1）评定 GPS 网的内部符合精度，发现和剔除 GPS 观测值中可能存在的粗差，由于三维无约束平差的结果完全取决于 GPS 网的布设方法和 GPS 观测值的质量，因此，三维无约束平差的结果就完全反映了 GPS 网本身的质量好坏。如果平差结果质量不好，则说明 GPS 网的布设或 GPS 观测值的质量有问题；反之，则说明 GPS 网的布设或 GPS 观测值的质量没有问题。

（2）得到 GPS 网中各个点在 WGS-84 系下经过了平差处理的三维空间直角坐标。在进行 GPS 网的三维无约束平差时，如果指定网中某点准确的 WGS-84 坐标作为起算点，则最后可得到 GPS 网中各个点经过了平差处理的在 WGS-84 系下的坐标。

（3）为将来可能进行的高程拟合提供经过了平差处理的大地高数据。用 GPS 水准替代常规水准测量，获取各点的正高或正常高，是目前 GPS 应用的一个领域，通常采用的是利用公共点进行高程拟合的方法。在进行高程拟合之前，必须获得经过平差的大地高数据，三维无约束平差可以提供这些数据。

2. 原理

在 GPS 网三维无约束平差中所采用的观测值为基线向量，即 GPS 基线的起点到终点的坐标差，因此，对与每一条基线向量，都可以列出如下的一组观测方程：

$$\begin{bmatrix} V_{\Delta X} \\ V_{\Delta Y} \\ V_{\Delta Z} \end{bmatrix} = \begin{bmatrix} -1 & 0 & 0 \\ 0 & -1 & 0 \\ 0 & 0 & -1 \end{bmatrix} \begin{bmatrix} dX_i \\ dY_i \\ dZ_i \end{bmatrix} + \begin{bmatrix} 1 & 0 & 0 \\ 0 & 1 & 0 \\ 0 & 0 & 1 \end{bmatrix} \begin{bmatrix} dX_j \\ dY_j \\ dZ_j \end{bmatrix} - \begin{bmatrix} \Delta X_{ij}+X_i^0-X_j^0 \\ \Delta Y_{ij}+Y_i^0-Y_j^0 \\ \Delta Z_{ij}+Z_i^0-Z_j^0 \end{bmatrix} \quad (7\text{-}38)$$

与此相应的方差-协方差阵、协因数阵和权阵分别为

$$D_{ij} = \begin{bmatrix} \sigma_{\Delta X}^2 & \sigma_{\Delta X\Delta Y} & \sigma_{\Delta X\Delta Z} \\ \sigma_{\Delta Y\Delta X} & \sigma_{\Delta Y}^2 & \sigma_{\Delta Y\Delta Z} \\ \sigma_{\Delta Z\Delta X} & \sigma_{\Delta Z\Delta Y} & \sigma_{\Delta Z}^2 \end{bmatrix} \quad (7\text{-}39)$$

$$Q_{ij} = \frac{1}{\sigma_0^2} D_{ij} \quad (7\text{-}40)$$

$$P_{ij} = Q_{ij}^{-1} \quad (7\text{-}41)$$

式中，σ_0 为先验的单位权中误差。

平差所用的观测方程就是通过上面的方法列出的。通常，进行无约束平差还须引入位置基准。引入位置基准的方法一般有两种，第一种是以 GPS 网中一个点的 WGS-84 坐标作为起算的位置基准，即可有一个基准方程：

$$\begin{bmatrix} dX_i \\ dY_i \\ dZ_i \end{bmatrix} = \begin{bmatrix} X_i^0 \\ Y_i^0 \\ Z_i^0 \end{bmatrix} - \begin{bmatrix} X_i \\ Y_i \\ Z_i \end{bmatrix} = 0 \quad (7\text{-}42)$$

第二种是采用秩亏自由网基准，引入下面的基准方程：

$$G^{\mathrm{T}}\mathrm{d}B = 0 \tag{7-43}$$

$$G^{\mathrm{T}} = \begin{bmatrix} 1 & 0 & 0 & \cdots & 1 & 0 & 0 \\ 0 & 1 & 0 & \cdots & 0 & 1 & 0 \\ 0 & 0 & 1 & \cdots & 0 & 0 & 1 \end{bmatrix} = \begin{bmatrix} E & E & E & \cdots & E \end{bmatrix} \tag{7-44}$$

$$\mathrm{d}B = \begin{bmatrix} \mathrm{d}b_1 & \mathrm{d}b_2 & \mathrm{d}b_3 & \cdots & \mathrm{d}b_n \end{bmatrix}^{\mathrm{T}}$$
$$= \begin{bmatrix} \mathrm{d}X_1 & \mathrm{d}Y_1 & \mathrm{d}Z_1 & \cdots & \mathrm{d}X_n & \mathrm{d}Y_n & \mathrm{d}Z_n \end{bmatrix}^{\mathrm{T}} \tag{7-45}$$

根据上面的观测方程和基准方程，按照最小二乘原理进行平差解算，得到平差结果。待定点坐标参数：

$$\begin{bmatrix} \hat{X}_1 \\ \hat{Y}_1 \\ \hat{Z}_1 \\ \vdots \\ \hat{X}_n \\ \hat{Y}_n \\ \hat{Z}_n \end{bmatrix} = \begin{bmatrix} X_1^0 \\ Y_1^0 \\ Z_1^0 \\ \vdots \\ X_n^0 \\ Y_n^0 \\ Z_n^0 \end{bmatrix} + \begin{bmatrix} \mathrm{d}\hat{X}_1 \\ \mathrm{d}\hat{Y}_1 \\ \mathrm{d}\hat{Z}_1 \\ \vdots \\ \mathrm{d}\hat{X}_n \\ \mathrm{d}\hat{Y}_n \\ \mathrm{d}\hat{Z}_n \end{bmatrix} \tag{7-46}$$

单位权中误差：

$$\hat{\sigma}_0 = \sqrt{\frac{V^{\mathrm{T}}PV}{3n - 3p + 3}} \tag{7-47}$$

式中，n 为组成 GPS 网的基线数；p 为基线数。

坐标未知数的方差估计值为

$$D = \sigma_0^2 N^{-1} \tag{7-48}$$

式中，N 为网的法方程系数阵。

由此，可以通过改正数检验了解网自身的内符合精度，观察网中是否可能存在粗差和系统误差。

7.3.2　三维约束平差

所谓约束平差，就是以国家大地坐标系或者地方坐标系的某些点的固定坐标、固定边长及固定方位为网的基准，将其作为平差中的约束条件，并在平差计算中考虑 GPS 网与地面网之间的转换参数。

1. 作用

GPS 网的三维约束平差主要作用是：确定 GPS 网中各个点在国家大地坐标系中或在指定参照系下经过了平差处理的三维空间直角坐标以及其他所需参数的估值。通过引入已知数据，如已知点、已知边长等，可最终确定点在指定参考系下的坐标及其他一些参数，如基准转换参数等。在进行 GPS 网的三维约束平差时，如果配置足够数量的国家大地坐标系或者地方坐标系基准作为 GPS 网的约束起算数据，则最后可得到的 GPS 网中各个点经过了平差处理的在国家大地坐标系或地方坐标系下的坐标。

国家大地坐标系和地方坐标系约束基准数据的数量和质量以及在网中的展布，均对平差精度结果产生影响。一般，平差前必须选择满足要求的基准数据。

2. 原理

GPS 基线向量观测方程必须顾及 WGS-84 坐标系与国家大地坐标系间的转换参数，即应顾及 7 个转换参数。但由于观测量——基线向量是以三维坐标的形式表示的，因而转换关系与平移参数无关，7 个参数中只需考虑尺度参数 m 和三个旋转参数 ε_x、ε_y、ε_z。WGS-84 坐标系与国家大地坐标系之间向量的坐标转换关系式为

$$\begin{bmatrix} \Delta X_{ij} \\ \Delta Y_{ij} \\ \Delta Z_{ij} \end{bmatrix}_S = (1+m) \begin{bmatrix} \Delta X_{ij} \\ \Delta Y_{ij} \\ \Delta Z_{ij} \end{bmatrix}_T + R_{ij} \begin{bmatrix} \varepsilon_x \\ \varepsilon_y \\ \varepsilon_z \end{bmatrix} \tag{7-49}$$

式中，

$$R_{ij} = \begin{bmatrix} 0 & -\Delta Z_{ij} & \Delta Y_{ij} \\ \Delta Z_{ij} & 0 & -\Delta X_{ij} \\ -\Delta Y_{ij} & \Delta X_{ij} & 0 \end{bmatrix}$$

由式(7-49)可得考虑转换参数后的 GPS 基线向量误差方程为

$$\begin{bmatrix} V_{\Delta X_{ij}} \\ V_{\Delta Y_{ij}} \\ V_{\Delta Z_{ij}} \end{bmatrix} = - \begin{bmatrix} dX_i \\ dY_i \\ dZ_i \end{bmatrix} + \begin{bmatrix} dX_j \\ dY_j \\ dZ_j \end{bmatrix} + m \begin{bmatrix} \Delta X_{ij} \\ \Delta Y_{ij} \\ \Delta Z_{ij} \end{bmatrix}_T + R_{ij} \begin{bmatrix} \varepsilon_x \\ \varepsilon_y \\ \varepsilon_z \end{bmatrix} + \begin{bmatrix} X_j^0 - X_i^0 \\ Y_j^0 - Y_i^0 \\ Z_j^0 - Z_i^0 \end{bmatrix} - \begin{bmatrix} \Delta X_{ij} \\ \Delta Y_{ij} \\ \Delta Z_{ij} \end{bmatrix}_T \tag{7-50}$$

GPS 网三维约束平差即为附有条件的间接平差，其误差方程为基线向量的观测方程，对于已知地面坐标点 k，其坐标约束条件为

$$\begin{bmatrix} dX_k \\ dY_k \\ dZ_k \end{bmatrix} = \begin{bmatrix} 0 \\ 0 \\ 0 \end{bmatrix} \tag{7-51}$$

7.3.3 基线向量网与地面网的联合平差

1. 三维联合平差

GPS 网的三维联合平差一般是在某一个地方坐标系下进行的，平差所采用的观测量除了 GPS 基线向量外，有可能还引入了常规的地面观测值，这些常规的地面观测值包括边长观测值、角度观测值、方向观测值等。平差所采用的起算数据一般为地面点的三维大地坐标，除此之外，有时还加入了已知边长和已知方位等作为起算数据。

GPS 基线向量观测值的误差方程和条件方程同三维约束平差。

由于地面网通常都是在大地坐标系统或高斯平面坐标系统中进行平差计算的，为计算网点的大地高程，必须以相应的精度确定点的高程异常。但实际上，高程异常的精度在东西沿海地区优于 1m，而在西北高山地区只能保持数米的精度，这样，高程异常的误差直接影响所求地面网点大地高的精度，从而影响据以计算的空间直角坐标的精度。在这种情

况下，大地高的方差-协方差也难以比较可靠地确定，这样一来，便会对两网的联合平差造成不利影响。因此，通常应选择二维联合平差的方案。

2. 二维联合平差

二维联合平差与三维联合平差很相似，不同的是，二维联合平差一般在一个平面坐标系下进行，也可以在高斯平面坐标系中进行。与三维联合平差相同的是，平差所采用的观测量除了 GPS 基线向量外，有可能还引入了常规的地面观测值，这些常规的地面观测值包括边长观测值、角度观测值、方向观测值等；平差所采用的起算数据一般为地面点的二维平面坐标，除此之外，有时还加入了已知边长和已知方位等作为起算数据。

7.4　数据处理示例

本节以 Trimble 公司 GPS 后处理软件 Trimble Geomatics Office（TGO）为例，说明 GPS 数据处理全过程，整个软件包由多个模块构成，包括：数据通信模块、星历预报模块、静态后处理模块、动态计算模块、坐标转换模块、基线处理模块、网平差模块、RTK 测量数据处理模块、DTMlink 模块、ROADlink 模块。这里主要介绍静态 GPS 数据处理的方法。

7.4.1　建立坐标系统

打开 TGO 软件，在功能菜单下选择坐标系统编辑模块（Coordinate System Manager），如图 7-5 所示，进入"坐标系统管理器"。

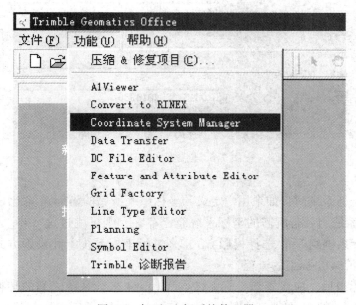

图 7-5　打开"坐标系统管理器"

（1）在"坐标系统管理器"中，单击"编辑"→"增加椭球"（图 7-6），创建新的椭球。

输入定义坐标系统的椭球名称及地球的长半轴、扁率，短半轴和偏心率会自动计算出来。

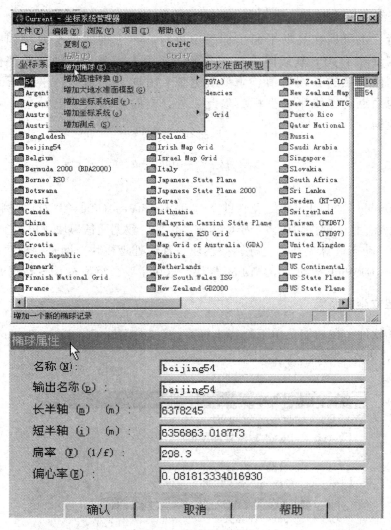

图 7-6　创建新的椭球

　　（2）在定义坐标系统时，如果用户定义的坐标系统所属的坐标系统组不存在，则需要增加相应的坐标系统组，若所需的坐标系统组已存在，则可跳过这一步。选定"编辑"菜单里的"增加坐标系统组"和"选择投影方式"来进行坐标系统组和投影方式的定义工作。图 7-7 为新建北京 54 坐标组的流程。

　　（3）增加坐标组后，应设置该坐标系统与 WGS-84 坐标系统之间的转换参数。在"坐标系统管理器"中，单击"增加基准转换"→"Molodensky"（即三参数转换）或者"七参数"转换。

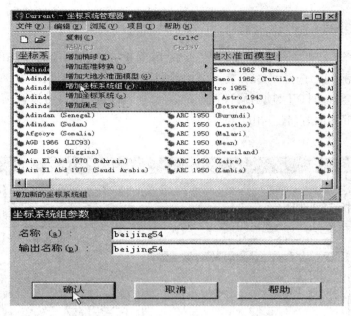

图 7-7 增加坐标组

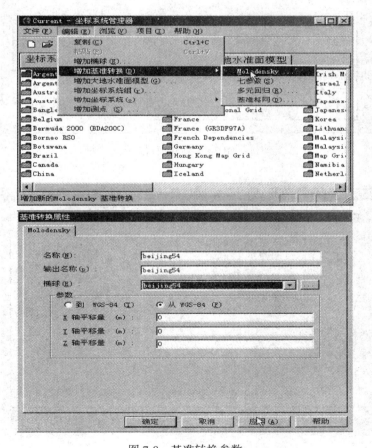

图 7-8 基准转换参数

7.4.2　新建项目

在菜单栏选择"文件"→"新建项目"，此时可创建一个新的项目，如图 7-9 所示。如果是 GPS 静态观测网，选择"Metric"，并输入项目名称。

新建项目后会自动打开"项目属性"窗口，在"项目属性"窗口可设置项目的坐标系统、投影方式、投影带等内容(图 7-10)。

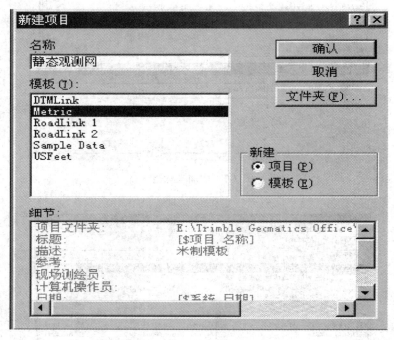

图 7-9　新建项目

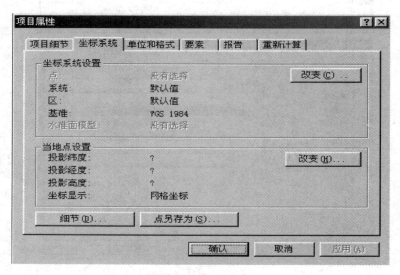

图 7-10　项目属性

按下"改变"按钮，可选择坐标系统(图 7-11)。若坐标系统中没有所需的坐标系统，则用户可通过"坐标系统管理器"(Coordinate System Manager)进行事先定义。

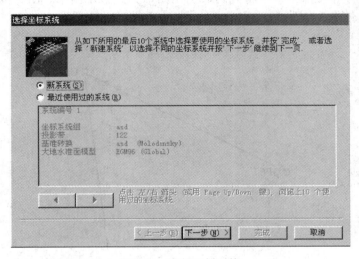

图 7-11　选择坐标系统

7.4.3　导入静态观测数据

给项目添加观测数据(* . dat 或 RINEX)，查看各项信息，可按下列过程操作(图 7-12)：在菜单栏，点击"文件"→"导入"，选择需要的观测文件。

图 7-12　观测数据导入

　　读取观测数据后，依据外业记录表，检查 GPS 数据测站外业信息，每台接收机的数据通过仪器序列号区分开，应检查文件属性，确保天线类型、天线高量测方式、天线高选择正确。完成文件导入后，系统将观测数据用图形方式显示出来。GPS 网的图形显示出来后，若需显示每个点的名称，点击右键→"点标记"，如图 7-13 所示。

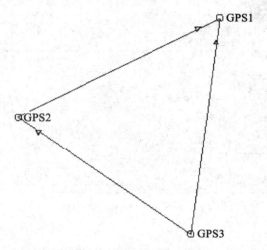

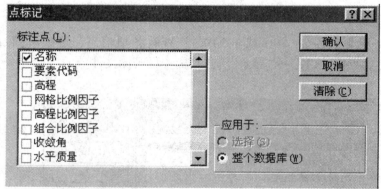

图 7-13　显示点标记

7.4.4　GPS 基线处理

对所有的 GPS 测站信息设置完成后，可进行基线向量的处理，其步骤如下：

1. 设置 GPS 处理形式

在菜单栏，选择"测量"→"GPS 处理形式"，对处理形式进行编辑，改变卫星高度截止角、电离层模型改正方式、对流层天顶延迟等信息，并可设置基线的质量控制指标，来检查单条基线结果是否合格的辅助信息。

2. 基线解算

选定"测量"→"处理 GPS 基线"，按所设定的方式进行基线处理。处理完毕后，可以看到基线长度、解算类型（需固定解，否则要重新处理）、比率（一般要求大于 3）、参考

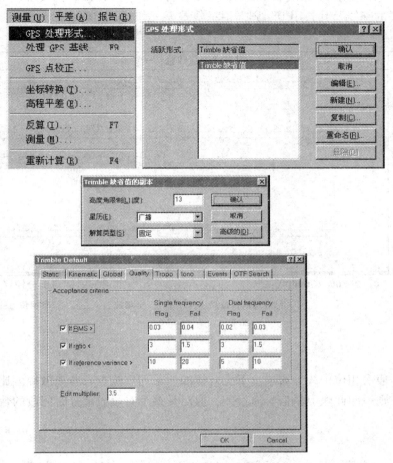

图 7-14　基线向量处理形式

变量(5 或更小)、均方根(越小越好)等因子。选择"保存"按钮，保存基线解算的结果(图 7-15)。

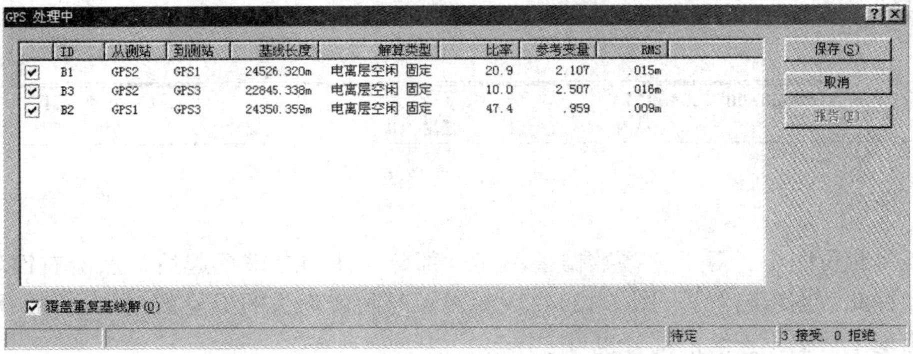

图 7-15　基线向量处理形式

在自动产生的基线详细解算报告里，可以查看每条基线详细解算报告，主要查看未得到固定解结果的基线及其共用卫星图、卫星残差等信息(图 7-16)。

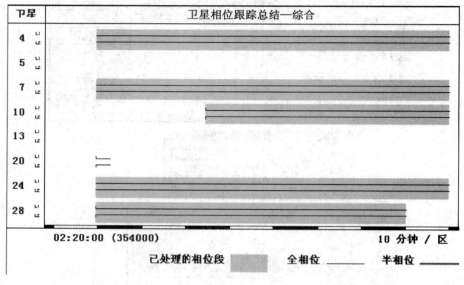

图 7-16

残差应一般沿相位中线分布成上下无规律的一系列离散点。若离散幅度比较大或存在系统性趋势，则说明此颗卫星信号质量差，应对其整个时段或部分时间段的数据进行禁止(图 7-17)。

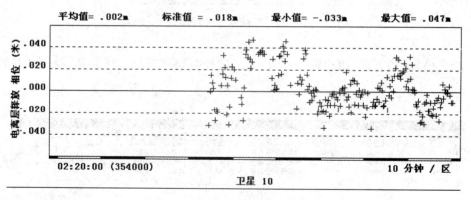

图 7-17 残差图

在卫星相位图中，对于一些数据很不连续部分，使用左键框起后，点击右键禁止使用，不允许此数据参与解算(图 7-18)；观测很短时间就消失的卫星数据要去掉，刚开始观测就出现了数据不连续的部分也可去掉。

通过查看闭合环报告，检查是否所有基线解算结果都达到相应的等级规范，若不符合规范，应进一步进行基线解算，只有当所有环闭合差报告都达到相应等级 GPS 网规范的

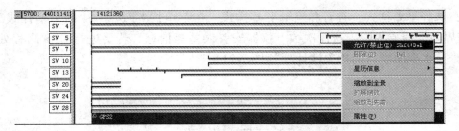

图 7-18　对观测时间段进行禁止

要求时，才能进行下一步的无约束平差工作，否则，应重新解算问题基线，或禁止问题基线，直到环闭合差全部通过为止(图 7-19)。

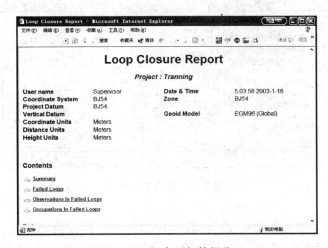

图 7-19　闭合环解算报告

7.4.5　GPS 网的无约束平差

GPS 网应首先在 WGS-84 下进行三维无约束平差，按照如下方法进行：
(1)在菜单栏"平差"→"基准"中选择"WGS-84"(图 7-20)。

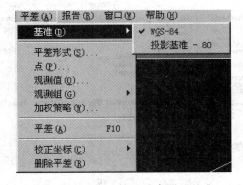

图 7-20　选择三维无约束平差基准

（2）选择平差样式，查看和编辑平差样式。在菜单栏"平差"→"网平差样式"中，设置置信界限、残差界限、迭代次数、仪器安置误差等信息。若要进行 GPS 高程处理，则需选定"与水准面模型的相关性计算"（图 7-21）。

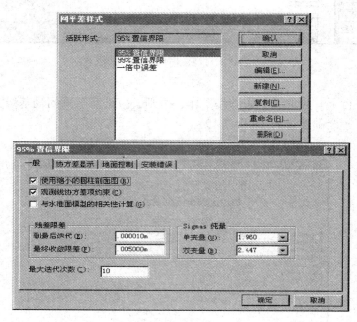

图 7-21　设置平差样式

（3）点击菜单栏"平差"→"平差"，软件按指定方式进行自动平差，此时没有任何的已知点，因而属于无约束平差。完毕后，在"菜单"→"查看网平差报告"下，显示迭代平差是否通过，如果不通过，判断原因，然后采取相应对策，如禁止粗差基线、选择加权策略等，再次进行平差，直到通过为止（图 7-22）。

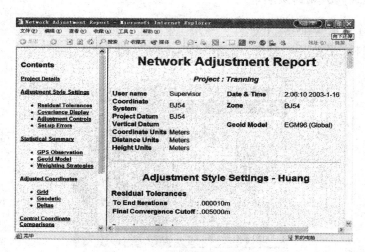

图 7-22　三维无约束平差报告

7.4.6　GPS 网的约束平差

完成 GPS 网的无约束平差后，如果各项质量指标达到要求，就可以开始 GPS 网的约束平差了。

(1)在"平差"→"基准"中选择当地投影基准(图 7-23)。

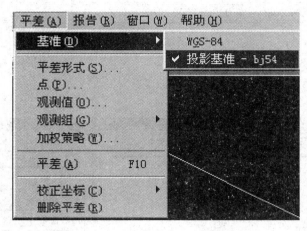

图 7-23　约束平差的基准选择

(2)输入已知点坐标，点击"平差"→"点"(图 7-24)。对于平面坐标，固定至少 2~3 个点；而对于高程，则要求更多的已知大地水准点。

图 7-24　已知点坐标输入

(3)选择"平差"→"平差"，进行约束平差，通过结果报告看未知点坐标及坐标误差分量、边长相对中误差等(图 7-25)。

7.4.7　成果输出

平差完成后，应输出测量坐标值，方法为：选择"文件"→"导出"→"自定义"。若要

平差网格坐标

用…报告误差 1.96σ.

点名称	北坐标	纵轴误差	东坐标	横轴误差	高程	高程误差	固定
GPS2	2531677.233m	.000m	231617.215m	.000m	143.647m	.545m	北 东
GPS1	2542514.358m	.088m	253641.303m	.122m	125.728m	.524m	
GPS3	2518387.008m	.000m	250221.623m	.000m	123.501m	.526m	北 东

图 7-25　约束平差报告

输入基线，则选择 ASC 格式文件(图 7-26)。

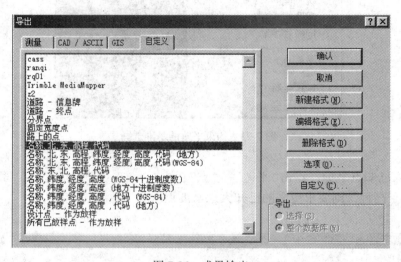

图 7-26　成果输出

7.5　GPS 高程测量

　　传统的地面观测技术确定地面点的位置时，由于平面位置和高程所采用的基准面不同以及确定平面位置和高程的技术手段不同，使平面位置和高程往往分别独立确定。GPS虽然可以高精度同时确定点的三维位置，但其所确定的高程是基于 WGS-84 椭球的大地高，并非实际应用中广泛采用的与地球重力位密切相关的正高或正常高。如果能设法获得相应点上的大地水准面差距或高程异常，就可将大地高转换为正高或正常高，从而替代费用高、周期长、效率低的传统高程测量技术水准测量。

7.5.1　高程系统之间的关系

　　地面点沿铅垂线方向至大地水准面的距离定义为正高 H_g，地面点沿铅垂线方向至似大地水准面的距离定义为正常高 H_γ，地面点沿法线方向至椭球面的距离定义为大地高 H，各高程系统间的关系如图 7-27 所示。

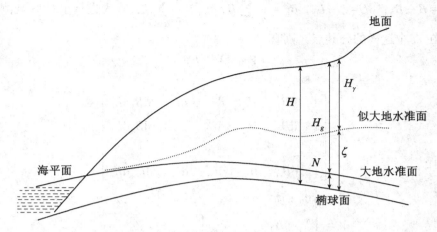

图 7-27　高程系统

大地水准面到参考椭球面的距离，称为大地水准面差距，记为 N。大地高 H 与正高 H_g 之间的关系可以表示为

$$H = H_g + N \tag{7-52}$$

似大地水准面到参考椭球面的距离，称为高程异常，记为 ζ。大地高 H 与正常高 H_γ 之间的关系可以表示为

$$H = H_\gamma + \zeta \tag{7-53}$$

7.5.2　GPS 水准

采用 GPS 测定正高或正常高，称为 GPS 水准。通常，通过 GPS 测量得出的是大地高，要确定点的正高或正常高，需要进行高程系统转换，即需要确定这些点的大地水准面差距或高程异常。由此可以看出，GPS 水准实际上包括两方面内容：一方面是采用 GPS 方法确定大地高，另一方面是采用其他技术方法确定大地水准面差距或高程异常。如果大地水准面差距已知，就能够通过式(7-52)进行大地高与正高间的相互转换；如果未知，则需要设法确定大地水准面差距的数值。确定大地水准面差距的基本方法有天文大地法、大地水准面模型法、重力测量法、几何内插法及残差模型法等。由于正高和正常高可进行相互转换，对于纯几何内插法，无论正高还是正常高，算法都一致。下面以几何内插法为例，介绍高程拟合的方法。

几何内插法的基本原理是，利用既进行了 GPS 观测，又进行了水准测量的公共点获得其相应的大地水准面差距，采用平面或曲面拟合、配置、三次样条等内插方法，拟合出测区大地水准面，得到待定点的大地水准面差距，进而求出待求点的正高。

若在公共点上分别利用 GPS 和水准测量测得了大地高和正高，利用式(7-52)可得其大地水准面差距，即

$$N = H - H_g \tag{7-54}$$

设大地水准面差距与点的坐标存在以下关系：

$$N = a_0 + a_1 \mathrm{d}B + a_2 \mathrm{d}L + a_3 \mathrm{d}B^2 + a_4 \mathrm{d}L^2 + a_5 \mathrm{d}B\mathrm{d}L \tag{7-55}$$

式中，$dB = B - B_0$；$dL = L - L_0$。$B_0 = \dfrac{1}{n} \sum B$，$L_0 = \dfrac{1}{n} \sum L$，$n$ 为进行了 GPS 观测的点数。

若存在 m 个这样的公共点，则有

$$V = AX + L \tag{7-56}$$

式中，

$$A = \begin{bmatrix} 1 & dB_1 & dL_1 & dB_1^2 & dL_1^2 & dB_1 dL_1 \\ 1 & dB_2 & dL_2 & dB_2^2 & dL_2^2 & dB_2 dL_2 \\ & & & \cdots & & \\ 1 & dB_m & dL_m & dB_m^2 & dL_m^2 & dB_m dL_m \end{bmatrix}$$

$$X = \begin{bmatrix} a_0 & a_1 & a_2 & a_3 & a_4 & a_5 \end{bmatrix}^{\mathrm{T}}$$

$$V = \begin{bmatrix} N_1 & N_2 & \cdots & N_m \end{bmatrix}^{\mathrm{T}}$$

通过最小二乘可求解出多项式系数

$$X = -(A^{\mathrm{T}}PA)^{-1}(A^{\mathrm{T}}PL) \tag{7-57}$$

式中，权阵 P 根据大地高和正高的精度来确定。

可见，采用二次多项式来拟合大地水准面差距，至少需要 6 个公共点，才能求出多项式系数。解出系数后，即可按式(7-55)内插求出待定点的大地水准面差距，从而求出正高。利用 GPS 水准，可替代传统三、四等水准测量，大大提高了作业效率。

为了提高拟合的精度，必须注意以下问题：

(1)测区中联测的几何水准点的点数，视测区的大小和(似)大地水准面的变化情况而定，但联测的几何水准的点数不能少于待定点的个数。

(2)联测的几何水准点的点位应均匀布设于测区，并能包围整个测区。

(3)对含有不同趋势地区的地形，在地形突变处的 GPS 点，要联测几何水准，大的测区还可采取分区计算的方法。

习题和思考题

1. GPS 控制网数据处理的基本过程是什么？

2. 对 GPS 基线向量解算的结果进行检核的目标是什么？检核的内容有哪些？请说明各自的作用。

3. 试述 GPS 基线向量网平差有哪些类型。

4. 试述用 Trimble Geomatics Office 软件解算 GPS 基线向量和网平差的步骤。

5. 如何将 GPS 高程观测的结果变为可实用的正常高？

第 8 章　GPS 的应用

☞ **教学目标**

　　GPS 定位技术从问世之初，就广泛替代常规测量技术，发展到目前，已渗入到工程测量、地籍测量、交通管理、导航、地理信息系统、海洋、气象和地球空间研究等许多领域。通过学习本章，了解 GPS 在各领域的发展和应用，为今后在工作中应用这一先进的定位技术奠定基础。

8.1　GPS 在大地测量中的应用

　　GPS 定位技术以其精度高、速度快、费用省、操作简便等优良特性被广泛应用于大地控制测量中，可以说，GPS 定位技术已完全取代了用常规测角、测距手段建立大地控制网。

　　归纳起来，大致可以将 GPS 网分为两大类：一类是全球或全国性的高精度 GPS 网，这类 GPS 网中相邻点的距离在数千公里至上万公里，其主要任务是作为全球高精度坐标框架或全国高精度坐标框架，为全球性地球动力学和空间科学方面的科学研究工作服务，或用以研究地区性的板块运动和地壳形变规律等问题；另一类是区域性的 GPS 网，包括城市或矿区 GPS 网、GPS 工程网等，这类网中相邻点间的距离为几千米至几十千米，其主要任务是直接为国民经济建设服务。

　　大地测量的科研任务是研究地球的形状及其随时间的变化，因此建立全球覆盖的坐标统一的高精度大地控制网是大地测量工作者多年来一直梦寐以求的。直到空间技术和射电天文技术高度发达时，才得以建立跨洲际的全球大地网，但由于甚长基线干涉测量（VLBI）、卫星激光测距（SLR）技术的设备昂贵且非常笨重，因此在全球也只有少数高精度大地点。在 GPS 技术逐步完善的今天，才使全球覆盖的高精度 GPS 网得以实现，从而建立起了高精度的（1~2cm）全球统一的动态坐标框架，为大地测量的科学研究及相关地学研究打下了坚实的基础。

　　作为我国高精度坐标框架的补充以及为了满足国家建设的需要，在国家 A 级网的基础上建立了国家 B 级网（又称为国家高精度 GPS 网）。布测工作从 20 世纪 90 年代开始，经过几年努力，完成了外业工作、内业计算。全网基本均匀布点，覆盖全国，共布测约 730 个点，总独立基线数 2200 多条，平均边长在我国东部地区为 50km，中部地区为 100km，西部地区为 150km，经整体平差后，点位地心坐标精度为 ±0.1m，GPS 基线边长相对中误差达 $2.0×10^{-8}$，高程分量相对中误差为 $3.0×10^{-8}$。

　　新布成的国家 A、B 级网已成为我国现代大地测量和基础测绘的基本框架，将在国民经济建设中发挥越来越重要的作用。国家 A、B 级网以其特有的高精度，对我国传统天文大地网进行了全面改善和加强，从而克服了传统天文大地网的精度不均匀、系统误差较大等传统测量手段不可避免的缺点。通过求定 A、B 级 GPS 网与天文大地网之间的转换参数，建立起了地心参考框架和我国国家坐标的转换关系，从而使国家大地点的服务应用领域更宽广。利用 A、B 级 GPS 网的高精度三维大地坐标，并结合高精度水准联测，大大提高了确定我国大地水准面的精度，特别是克服了我国西部大地水准面存在较大系统误差的缺陷。

所谓区域性 GPS 大地控制网，是指国家 C、D、E 级 GPS 网或专为工程项目布测的工程 GPS 网。这类网的特点是控制区域有限（一个市或一个地区）、边长短（一般从几百米到 20km）、观测时间短（从快速静态定位的几分钟至一两个小时）。由于 GPS 定位具有高精度、快速度、省费用等优点，建立区域大地控制网的手段已基本被 GPS 技术所取代。就其作用而言，分为建立新的地面控制网，检核和改善已有地面网，对已有的地面网进行加密，拟合区域大地水准面。

1. 建立新的地面控制网

尽管我国在 20 世纪 70 年代以前已布设了覆盖全国的大地控制网，但由于人为的破坏，现存控制点已不多，当在某个区域需要建立大地控制网时，首选方法就是用 GPS 技术来建网。

2. 检核和改善已有地面网

对于现有的地面控制网，由于经典观测手段的限制，精度指标和点位分布都不能满足国民经济发展的需要，但是考虑到历史的继承性，最经济、有效的方法就是利用高精度 GPS 技术对原有旧网进行全面改造，合理布设 GPS 网点，并尽量与旧网重合，再把 GPS 数据和经典控制网一并联合平差处理，从而达到对旧网的检核和改善的目的。

3. 对已有的地面网进行加密

对于已有的地面控制网，除了本身点位密度不够以外，人为的破坏也相当严重，为了满足基本建设的急需，采用 GPS 技术对重点地区进行控制点加密是一种行之有效的手段。布设加密网要尽量和本区域的高等级控制点重合，以便较好地把新网同旧网匹配好，从而避免控制点误差的传递。

4. 拟合区域大地水准面

GPS 技术用于建立大地控制网，在确定平面位置的同时，能够以很高的精度确定控制点间的相对大地高差。如何充分利用这种高差信息，是近几年许多学者热烈讨论的一个话题。由于地形图测绘和工程建设都依据水准高程，因此必须把 GPS 测量的大地高差以某种方式转化成水准高差，才便于工程建设使用。通常的方法是：采用一定密度及合理分布的 GPS 水准高程联测点（即 GPS 点上联测水准高程），用数学手段拟合区域大地水准面；利用区域地球重力场模型来改化 GPS 大地高为水准高。

8.2　GPS 在监测地震与地壳运动中的应用

近年来，GPS 测定地球自转参数从提高观测精度转向提高时间分辨率，它与 VLBI 或 SLR 相比，有着不可估量的作用。GPS 在地球参考系的建立中有着时空加密和提高分辨率的作用，GPS 全球资料得到的全球尺度上相对于地球参考框架的三维地心坐标的精度已达到厘米级。利用 GPS 定位研究海平面变化而测定的大地高的精度也可达到厘米级的精度。

全球有 200 个 GPS 基准站，计划在板块边界和全球已知构造活动区约 25 个区域加密 GPS 监测网，实现全球地壳运动的自动监测。此外，连同各国的区域网，主要研究内容有：研究全球板块间的相对运动；监测板块边缘及内部的构造变形；确定不同尺度构造块体运动方式规模和运动速率；确定区域位移场、速率场和应变场。

随着 GPS 技术的发展，加之各国相继受强烈地震的袭击，国际上兴起了利用 GPS 研究地震预测、大陆构造变形和地球动力学等领域的热潮。高精度 GPS 技术已成为世界主要国家和地区用来监测火山地震、构造地震、全球板块运动，尤其是板块边界地区的重要手段。开展此项研究的观测网主要有：美国南加州 GPS 观测网（SCIGN）、日本的密集 GPS 观测台阵、中国地壳运动观测网络（CMONOC）。

我国应用 GPS 研究地壳运动始于 20 世纪 80 年代中期，到 90 年代初期，随着"现代地壳运动和地球动力学研究"攀登计划课题的实施，在全国布设了 22 个不定期复测的 GPS 站。后复测了 7 条边，其结果首次给出了认为影响中国大陆地壳运动的主要力源来自印度板块向北推挤欧亚大陆的看法的直接定量证据。同时表明，中国西南地区金沙江红河断裂和南北带南段一系列南北走向断裂所夹的菱形块体确有其为显著的向南稍偏西的滑动，其中，向南滑动 1.8cm/a，向西滑动约 1.0cm/a。滇西地区的 GPS 结果监测到剑川丽江断裂和红河断裂带的明显活动，并根据活动断层变形的反演计算，在 l993 年预测在该断裂带上将发生一次 6.8~7.0 级的地震，而 1996 年的丽江发生了 7.0 级地震与预测震中位置相差仅 30km，证实了 GPS 的有效性。华北首都圈 GPS 监测网共有 97 个站。结果表明，监测区内几个主要的北东向构造单元之间没有明显的差异运动，而鄂尔多斯东缘与其东侧的晋、冀、鲁块体的强烈拉张最为明显。地矿部与美国自然科学基金会合作在我国西南地区进行 GPS 观测，其资料表明，鲜水河—小江断裂以西的藏东—滇中地区的运动速率总体为 8mm/a 以上，在该断裂以东地区的运动速率为 3mm/a，这对两个顺时针涡旋的认定以及为青藏高原东部流变构造模型提供了证据。

虽然我国在 GPS 研究地壳运动方面取得了一些进展，但与先进国家相比，差距十分明显。主要是用于地壳运动临测的 GPS 连续观测站数量太少，定期复测网点数也严重不足，空间分布太稀，复测次数过少，无法取得一定时空分辨率的全国地壳运动图像和参数，更谈不上取得为地震预报所需的实时或准实时的数据了。主要原因一方面是网点较少，复测无期，另一方面是不同部门为各自目的重复布点，数据不能实现共享，因此在我国实行 GPS 监测势在必行。

8.3　GPS 在工程测量中的应用

8.3.1　GPS 在建筑物变形监测中的应用

GPS 接收机具有全自动化信号接收能力，再配备相应的实时数据处理和变形分析及危险预报软件，完全可以实现对各种建筑物的外部变形进行自动化监测和危险预警。

目前，利用 GPS 进行变形监测主要有两种模式，一是一台接收机带一个天线的模式，二是一台接收机带多个天线的模式，两种模式都有较好的测量效果，也各有利弊。

1998 年，我国的隔河岩大坝外部变形首次采用 GPS 自动化监测系统，该系统具有速度快、全天候观测、测点间无需通视、自动化程度高等优点，对坝体表面的各监测点能进行同步变形监测，并实现了数据的采集、传输、处理、分析、显示、存储等，监测精度可达到亚毫米级。

在 1998 年百年一遇的特大洪水期间，为避免清江洪峰和长江洪峰相遇，隔河岩电站实施了超量拦洪蓄水（最高蓄水位达到 203.94m，而设计最高蓄水位为 200m），从而减轻了长江中下游的防汛抗洪压力，并避免了荆江分洪区实施灾难性的分洪。其中，大坝变形 GPS 自动化监测系统在领导和专家的决策过程中起到了关键性的作用。

8.3.2　GPS 在水电工程中的应用

GPS 技术的测量方法在测绘领域得到了广泛的运用，特别是水利水电工程，在测量过程中不会因地理条件的影响，而产生测量条件非常困难、数据不精确的情况。实际测量阶段也减少了控制测量的传算点和过渡点，使得实地测量工作能较为顺利地进行，控制测量也不再受时间和天气的影响。在水利工程测量时，GPS 的高精度为测量工作减少了大量的人力和物力，为数据采集的精度提供了必要保障，并为实际施工创造了良好的条件。在实地施工中，以引水工程为例，由于引水工程距离较长、地形损坏较大，一般是采用明渠和隧洞为主要方法进行引水的，采用传统的测量方法耗时费力，而采用 GPS 技术则能较为准确地进行测量，并减少施工费。

8.3.3　GPS 在道路工程中的应用

GPS 在道路工程中，目前主要是用于建立各种道路工程控制网及测定航测外控点等。随着高等级公路的迅速发展，对勘测技术提出了更高的要求，由于线路长、已知点少，因此，用常规测量手段不仅布网困难，而且难以满足高精度的要求。目前，国内已逐步采用 GPS 技术建立线路首级高精度控制网，如沪宁、沪杭高速公路的上海段，就是利用 GPS 建立了首级控制网，然后用常规方法布设导线加密。实践证明，在几十公里范围内的点位误差只有 2cm 左右，达到了常规方法难以实现的精度，同时也大大缩短了工期。GPS 技术也同样应用于特大桥梁的控制测量中，由于无需通视，可构成较强的网形，提高点位精度，同时对检测常规测量的支点也非常有效，如在江阴长江大桥的建设中，首先用常规方法建立了高精度边角网，然后利用 GPS 对该网进行了检测，GPS 检测网达到了毫米级精度，与常规精度网相比，符合较好。GPS 技术在隧道测量中具有广泛的应用前景，GPS 测量无需通视，减少了常规方法的中间环节，因此，速度快、精度高，具有明显的经济和社会效益。

差分动态 GPS 在道路勘测方面主要应用于数字地面模型的数据采集、控制点的加密、中线放样、纵断面测量以及无需外控点的机载 GPS 航测等方面。在中线平面位置放样的同时，可获得纵断面，在中线放样中，需实时把基准站的数据由数据链传到移动站，从而提供移动站的实时位置。由于 GPS 仪器不像经纬仪那样可以指示方向，因此需与计算机辅助设计系统相结合，从而可在计算机屏幕上看到目前位置与设计坐标的差异。机载动态差分 GPS 应用于航测，在德国和加拿大已取得了成功，用载波相位差分测出每个摄影中心的三维坐标，而不再需要外控点测量，取得了良好的效果。

8.4　GPS 在海洋测绘中的应用

世界上海域辽阔、资源丰富，海洋开发工程已成为沿海各国经济建设的一项重要任务。海洋测绘作为海上一切经济和科学活动以及军事活动的基础，日益受到广泛的重视。现代海洋测绘是综合大地测量学、海洋科学、电子技术和空间技术而发展起来的一门边缘学科，其主要内容包括海洋资源与地球物理勘探、海洋大地测量、水下地形测绘、海洋划界、各种海洋工程测量等。海洋测绘工作涉及面广、内容丰富，为 GPS 定位技术的应用开辟了更为广阔的领域。

8.4.1　在海洋资源勘探方面的应用

海洋资源的勘探和开发已引起各沿海国的广泛重视，尤其大陆架石油的勘探与开发，目前已成为各沿海国家的重点工程。

海洋资源与地球物理勘探包括海洋重力测量、海洋磁力测量和海底地形测量等，而这些测量工作均以精密的定位为基础。容易理解，资源勘探中的任何一个观测量，如果缺少具有一定精度的位置信息，将失去意义。GPS 实时动态定位技术提供了理想的定位手段。

当采用一台 GPS 接收机进行单点定位(绝对定位)时，其实时定位的精度，随应用的测距码不同而异。目前，采用 P 码单点定位的精度为 5~10m；C/A 码为 20~40m。对于多数海洋定位工作，上述精度是可以满足要求的。但是，如果要求定位的精度较高，则可采用差分 GPS 定位方法(DGPS)。这时，可在海岸或岛屿上，选择一稳固的观测站作为相对定位的基准站。而当要求实时定位时，还应在运动的观测站与基准站之间建立实时数据传输系统。实践表明，以 C/A 码伪距观测量为根据的动态相对定位，其精度可达米级。

在海洋资源普查、详查和开发的各个阶段，GPS 均可提供可靠的导航和测量服务，以保障船只准确地按预定的计划航行，同时准确地测定采样点的位置。尤其是在海洋石油资源的开发中，当钻井平台根据设计图定位时，或当钻井平台中途停站并迁移，而过后再复位时，往往要求定位的精度较高，对此，以测相伪距为观测量的高精度 GPS 相对定位技术将是一种经济和可靠的方法，其精度可达厘米级。

8.4.2　在海洋大地测量方面的应用

海洋大地测量工作主要包括海洋大地测量控制网的建立、海洋大地水准面的测定、海岛联测、海洋重力测量等。其中，建立海洋大地测量控制网，为海底和海面地形测绘、海洋资源开发、海洋工程建设、海洋划界和海底地壳运动的监测等服务，是经典海洋大地测量的一项基本任务。

海洋大地控制网由分布在岛屿、暗礁上的控制点和海底的控制点所组成。经典的海洋大地测量方法由于受点间距离、通视条件以及动态的海洋作业环境等限制，建立规模较大、精度较高的海洋大地控制网是甚为复杂和困难的。

由于 GPS 测量所具有的特点，使其成为当前建立海洋大地控制网以及进行海洋大地控制网与陆地大地网联测的有效方法。

对于岛屿、暗礁上的控制点，可以直接应用精密 GPS 相对定位法，确定其在统一参考系中的坐标；而对于海底控制点的测定则较为复杂，其与陆上控制点的定位方法完全不同，海底控制点需埋设固定标志并安置水声应答器，以便测定海底控制点与海上测量船之间的距离。应用 GPS 定位技术测定海底控制点的位置，一般包含了以海上测量船（或水面浮标）为中介的两个同步测量过程，即利用测量船上的用户 GPS 接收机同步观测四颗以上的 GPS 卫星，以确定测量船（中介点）的瞬时位置，同时应用海底水声应答器同步测定中介点至海底控制点的瞬时距离，以确定水下控制点的位置，为此，测量船的接收机对 GPS 卫星的观测与测量船利用水声应答器的观测必须同步。

容易理解，这时为确定海底控制点的位置，在理论上，至少需要 3 个不同位置的同步观测结果，并且要求中介点的 3 个位置，与海底控制点构成良好的图形。

以上是综合利用全球卫星定位系统和海底水声应答器测定水下大地控制点的基本思想。在实际工作中，无论是观测方案的设计还是数据处理方法，都将复杂得多，这里就不详述了，有兴趣的读者可参阅有关文献。

8.4.3 在水下地形测绘中的应用

水下地形图的绘制对于航运、海底资源勘探、海底电缆铺设、沿海养殖业和海上钻井平台等具有重要意义。海道测量是进行水下地形图测绘的基础，可以通过海底控制测量来测定海底控制点的空间坐标或平面坐标。除此以外，还需用水深仪器对水深进行测量。水深测线间距依比例尺不同而变化，水声仪器的定位除了在近岸区域使用传统的光学仪器采用交汇法定位外，在其他较远区域，多采用无线电定位。由于 GPS 可以快速、高精度地对目标物进行定位，可以对水深仪器进行单点定位，但其精度只有几十米，只能作为远海小比例尺海底地形测绘的控制。对于较大比例尺测图，可应用差分 GPS 技术进行相对定位。在实际应用中，常将 GPS 和水声仪器同时使用，前者进行定位测量，后者进行水深测量，再利用电子记录手簿、计算机和绘图仪组成水下地形测量自动化系统。

8.5 GPS 在航空中的应用

当今 GPS 在航空导航中的应用可谓无孔不入，如果按航路类型或飞机阶段划分，则涉及洋区空域航路、内陆空域航路、终端区导引，进场/着陆，机场场面监视和管理，特殊区域导航（如农业、林业等）。在不同的航路段及不同的应用场合，对导航系统的精度、完善性、可用性、服务连续性的要求不尽相同，但都要保证飞机飞行安全和有效利用空域。

按照机载导航系统的功能划分，GPS 在航空导航中的应用有以下几个方面：

（1）航路导航：GPS 的全球、全天候、无误差积累的特点，使其成为中、远程航线上目前最好的导航系统。按照国际民航组织的部署，GPS 将逐渐替代现有的其他无线电导航系统。GPS 不依赖于地面设备，可与机载计算机等其他设备一起进行航路规划和航路突防，为军用飞机的导航增加了许多灵活性。

（2）进场/着陆：包括非精密进场/着陆以及 CAT-1、2、3 类精密进场/着陆。GPS 及其广域增强系统完全满足非精密进场/着陆对精度、完善性和可用性的要求；再用局域伪距差分技术/系统增强，能满足 CAT-1、2 类精密进场的要求。目前，实验表明，采用载波相位差分技术，精度可达到 CAT-3b 的要求。

（3）场面监视和管理：包括终端飞行管理和机场场面监视/管理。场面监视和管理的目的就是要减少起飞和进场滞留时间，监视和调度机场的飞机、车辆和人员，最大效率地利用终端空间和机场，以保证飞行安全。GPS、数字地图和数字通信链为开发先进的场面导航、通信和监视系统提供了全新的技术，可以确信，基于 GPS/数字地图的场面监视和管理将为机场带来很大效益。

（4）航路监视：机载 GPS 导航系统通过通信，自动报告自己的位置，这种"自动相关监视系统 ADS"为飞行各阶段的监视带来了益处，特别是为洋区和内陆边远地区空域实现自动监视业务提供了可能，将有效地减轻飞行员和管制人员的工作负担，同时也增加了 ATM 的灵活性。

（5）特种飞机的应用：包括航空母舰上飞机着陆/起飞导引系统，直升机临时起降导引，军用飞机的编队、突防，空中加油，空中搜索与救援等。

（6）航测：除了一般飞机要求的导航、起降功能外，用于航测的飞机还需要提供记载测量或摄影设备的位置及信息交联、数据记录及事后处理。

（7）组合导航：所谓组合导航系统，是指把两种或两种以上不同的导航设备以适当的方式组合在一起，利用其性能上的互补特性，以获得比单独使用任一系统时更高的导航性能。

目前，备受世界瞩目的组合等航系统是惯导与 GPS 的组合，两者都是全球、全天候全时间的导航设备，而且它们都能提供十分完全的导航数据。惯导(INS)是一种既不依赖于外部信息，又不发射能量的自主式导航系统，隐蔽性好，不怕干扰。然而，惯导并非十全十美，当其单独使用时，存在着定位误差随时间积累和每次使用之前初始对准时间较长等缺点，这对执行任务时间较长而又要求有快速反应能力的应用来说，无疑是致命的弱点。GPS 是一种星基无线电导航和定位系统，能为全球陆、海、空、天的用户全天候、全时间、连续地提供精确的三维位置、三维速度以及时间信息。但是，GPS 存在着动态响应能力差，易受电子干扰影响、信号易被遮挡以及完善性较差的缺点。两者优势互补，能消除各自的缺点，GPS 与惯导组合的应用越来越广泛。

（8）其他应用：如飞行训练、校验 ILS 系统等。

正如人们所说："GPS 的应用仅受人们的想象力制约。"GPS 问世以来，已充分显示了其在导航、定位领域的霸主地位，许多领域也由于 GPS 的出现而产生了革命性变化。目前，几乎全世界所有需要导航定位的用户，都被 GPS 的高精度、全天候、全球覆盖、方便灵活和优质价廉所吸引。

8.6　GPS 在气象中的应用

随着 GPS 定位精度的不断提高，该技术已经深入到许多相关科学领域，其中，GPS 遥感技术应用于气象学，在近期得到科学家们的广泛关注，国内外论文在此方面多有阐述。

GPS 遥感技术应用于气象中，给气象部门测定大气参数提供了新的手段，它可以补充现有的无线电探空仪（Radiosonde）、无线电水汽辐射计（Water Vapor Radiometer, WVR）所测量的气象数据，从而改善大气中水汽参数的时空分辨率。GPS 高精度测量中，最基本的观测量是卫星至 GPS 接收机天线的无线电信号的传播时间，这一传播时间受大气影响而产生额外延迟，这种延迟主要是电离层和对流层作用的结果，其中，电离层延迟可以利用双频信号将其影响消除，但对流层的影响，则不能通过一定的观测手段将其影响消除，只能通过一定的模型将其影响降低到最小程度，这种影响与大气折射率密切相关，大气折射率是气压、温度和湿度的函数，因此可把 GPS 作为测定大气参数及其变化的一种新的遥感技术，它可以分为两类：一类是地基 GPS 气象学（Ground-based GPS Meteorology），即利用地球表面静止的 GPS 接收机来接收 GPS 卫星信号，连续地对地球的大气参数进行测量；另一类是空基 CPS 气象学（Space-based GPS Meteorology），即主要利用安置在低轨卫星上的 GPS 接收机来接收 GPS 卫星信号，采用掩星法对大气参数进行测量。地基 GPS 气象学和空基 GPS 气象学是相互补充、相互联系的，它们对大气科学的作用同样重要，原因如下：

（1）地基数据包含了垂直大气的积分性质，即给出的是垂直的综合大气特性，而空基的卫星测量结果则包括了有意义的水平方向的积分，即给出了横向的平均大气特性。地基网能估算每个测站上综合水汽的横向梯度而一次掩星不能提供对横向变化有用的数据。

（2）地基测量能够在固定测站上提供连续的测量数据，而空基测量获得的结果在时间上是分离的。地基测量在空间和时间上前后的连续性则是一个优点。

（3）由于空基法从几何图形上来说，是接近水平的，因此容易受到山脉的阻挡，而无法获得邻近的低佳地区的低对流层的特性。

（4）地基法数据无法覆盖海洋，而空基法数据则可以覆盖全球。

利用静止的地面 GPS 跟踪站来监测大气水汽的地基 GPS 遥感技术，在国外已进行了深入的研究和实验，得到了大量的数据和有价值的结果。地基法可能会迅速发展和成熟，因此它比较适合我国的经济状况和发展特点。研究地基 GPS 气象学对我国开发 GPS 应用领域、补充该项目在国内的空白，将具有深远的意义。

继 1995 年 4 月美国实施了 GPS/MET 气象学计划以来，空基 GPS 遥感技术已发展到一个新的水平，今后将有更多的这类卫星进入轨道。我国有关部门也已进行这方面的研究和实验。为了充分发挥空基法的巨大潜力，需要几十个在低轨卫星上的 GPS 接收机。虽然空基法在改造和维修的费用上都将超过地基法，但空基法有广阔的应用前景，它也是今后发展的重点。

GPS 气象探测的应用领域非常广泛，主要涉及以下几方面：

（1）对流层低层的水汽探测，用于强对流天气和降雨的短期预报、水汽的全球气候学、水汽循环研究。

（2）在数值模式中直接同化应用偏转角或折射率资料，用于业务数值天气预报、气候研究的再分析。

（3）对流层高层的高分辨率的温度廓线，用于对流层顶、平流层/对流层交换、平流层臭氧、高层锋面研究、火山效应、气候变率和气候变化的研究。

（4）高层等压面的位势高度计算，用于气候研究。

（5）通过地转/梯度风关系估计高纬度地区风，用于航空工业。

（6）其他遥感系统的相互比较、检定、初值，用于微波探测单元、地球静止业务环境卫星、泰罗斯业务垂直探测器、EOS。

（7）电离层电子密度剖面：电离层研究、空间天气、通信工业。

（8）代替雷达定位探空仪器，测量高空风。

8.7　GPS 在交通、旅游中的应用

三维导航是 GPS 的首要功能，飞机、船舶、地面车辆以及步行者都可利用 GPS 导航接收器来进行导航。GPS 导航系统与电子地图、无线电通信网络及计算机车辆管理信息系统相结合，可实现车辆跟踪和交通管理等许多功能，这些功能包括：

1. 车辆跟踪

利用 GPS 和电子地图可以实时显示出车辆的实际位置，并任意放大、缩小、还原、换图；可以随目标移动，使目标始终保持在屏幕上；还可实现多窗口、多车辆、多屏幕同时跟踪。利用该功能可对重要车辆和货物进行跟踪运输。

2. 提供出行路线规划和导航

提供出行路线规划是汽车导航系统的一项重要辅助功能，包括自动线路规划和人工线路设计。自动线路规划是由驾驶者确定起点和目的地，由计算机软件按要求自动设计最佳行驶路线等的计算；人工线路设计是由驾驶者根据自己的目的地设计起点、终点和途径点等，自动建立线路库。线路规划完毕后，显示器能够在电子地图上显示设计线路，并同时显示汽车运行路径和运行方法。

3. 信息查询

为用户提供主要物标，如旅游景点、宾馆、医院等数据库，用户能够在电子地图上根据需要进行查询。查询资料可以文字、语言及图像的形式显示，并在电子地图上显示位置。同时，监测中心可以利用监测控制台对区域内的任意目标所在位置进行查询，车辆信息将以数字形式在控制中心的电子地图上显示出来。

4. 话务指挥

指挥中心可以监测区域内车辆运行状况，对被监控车辆进行合理调度。指挥中心也可随时与被跟踪目标通话，实行管理。

5. 紧急援助

通过 GPS 定位和监控管理系统，可以对遇有险情或发生事故的车辆进行紧急援助。监控台的电子地图显示求助信息和报警目标，规划最佳援助方案，并以报警声光提醒值班人员进行应急处理。

GPS 技术在汽车导航和交通管理工程中的研究与应用目前在我国刚刚起步，而国外在这方面的研究已取得了一定的成果。加拿大卡尔加里大学设计了一种动态定位系统、该系统包括一台捷联式惯性系统，两台 GPS 接收机和一台微机，可测定已有道路的线形参数，为道路管理系统服务。美国研制了应用于城市的道路交通管理系统，该系统利用 GPS 和 GIS 建立道路数据库，在数据库中包含各种现时的数据资料，如道路的准确位置、路面状况、沿路设施等，该系统于 1995 年正式运行，在城市道路交通管理方面起到重要作用。近年来，国外研制了各种用于车辆诱导的系统，车辆位置的实时确定以往主要依据惯性测

量系统以及车轮传感器，随着 GPS 的发展和所显示出的优越性，它有取代这两种方法的趋势，用于城市车辆诱导的 GPS 定位一般是在城市中设立一个基准站，车载 GPS 实时接收基准站发射的信息，经过差分处理便可计算出实时位置，把目前所处位置与所要到达的目标在道路网中进行优化计算，便可在道路电子地图上显示出到达目标的最优化路线，可为公安、消防、抢修、急救等车辆服务。

8.8　GPS 在其他领域的应用

GPS 的应用领域在不断增加，已远远超出系统最初的设计应用范围，例如，GPS 用于组合机械的运动防撞预警、GPS 与 GIS 系统集成、GPS 用于资源调查、GPS 与手机集成、用 GPS 精密单点定位研究低轨卫星轨道等，许多基于 GPS 的特定系统在不断增加。GPS 除了用于导航、定位、测量外，由于 GPS 系统的空间卫星上载有的精确时钟可以发布时间和频率信息，因此，以空间卫星上的精确时钟为基础，在地面监测站的监控下传送精确时间和频率，是 GPS 的另一重要应用，应用该功能，可进行精确的时间或频率控制，可为许多工程实验服务。

习题和思考题

1. GPS 技术在大地测量控制网的建立中有哪些优点？
2. GPS 应用于监测地震与地壳运动中有何优点？
3. 简述 GPS 在工程测量中的应用。
4. GPS 在海洋测绘中发挥着哪些作用？
5. GPS 在航空导航中的应用有哪几个方面？
6. 简述 GPS 气象探测的应用领域。
7. GPS 可为车辆跟踪和交通管理提供哪些服务？

附　录

×××高速公路大型构造物独立施工控制网 GPS 测量技术设计书

1. 测区概况

测区地理位置为：

东经：110°15′～110°55′；

北纬：31°08′～31°11′。

本测区在 1954 年北京坐标系中高程异常为 $\zeta_{54}=+37m$。

测区内以重丘和山岭为主，植被较茂盛密集，高山地占全线 70%，山地占全线 30%，地形相对复杂，为困难地区，通视条件不佳，交通极为不便，测绘难度较大。

2. 作业依据

(1)《公路勘测规范》(简称《公路规范》)JTG C10—2007；

(2)《测绘技术总结编写规定》CH1001—91；

(3)《测绘产品检查验收规定和质量评定》GB/T18316—2001。

3. 人员、仪器设备

(1)参与人员：项目负责人 2 人、工程师 8 人、助理工程师 15 人、技术员 25 人，共计划投入 50 人左右。

(2)仪器设备：

编号	仪器名称	型号	精度等级	数量
1	GPS(Trimble)	5800	5mm+1ppm	5 台套
2	GPS(徕卡)	SR530	5mm+1ppm	5 台套
3	计算机	联想		2 台

4. 坐标系统

(1)平面坐标系统：初测平面坐标系统为采用平面系统为 1954 年北京坐标系，中央子午线为 110°40′，投影高程面为 500m 投影高程面的坐标系。

根据对本项目定测阶段设计单位提供的线位设计平纵图的分析，初步设计阶段使用的坐标系统不能满足施工图设计的需要，为此，对本项目进行分段投影设计。具体的坐标系统及参数如下：

名　　称	使用范围	高程面高程(m)	中央子午线	独立坐标椭球长半轴(m)
独立坐标系 1	K20 至 K55	310	110°50′	6378591.689
独立坐标系 2	K55 至 K87	520	110°20′	6378801.500

注：高程异常为 37m。

（2）高程坐标系统：采用 1985 国家高程基准。

5. 平面控制网和高程控制网检测

（1）在定测开始前，应对高速公路布设的平面、高程控制网进行检测，并满足《公路勘测规范》(JTG C10—2007)的要求，初步设计阶段布设的测量控制点应检测后，精度满足规范要求的情况下才可使用。

（2）两相邻设计标段应有两个以上平面控制点、高程控制点作为两个标段控制网的衔接边。

6. 大型构造物独立控制网测量精度要求

（1）大型构造物平面控制网的精度要求如下：

等级	最弱相邻点边长相对中误差
二等	1/100000
三等	1/70000
四等	1/40000

（2）大型独立桥隧控制网应挂靠在统一平差后的路线控制网上，独立网每端至少应纳入两个路线平面控制点，与路线平面控制网在垂直于路线方向的横向接线误差和高程接线误差应控制在 2~3cm。对桥隧间距小于 100m 的两个以上的连续构造物，应做成一个整网，网的等级按其中要求最高的构造物确定。平面控制网等级如下：

等级	多跨桥梁总长(m)	单跨桥梁长度 L_K(m)	隧道贯通长度 L_G(m)
二等	$L \geqslant 3000$	$L_K \geqslant 500$	$L_G \geqslant 6000$
三等	$2000 \leqslant L < 3000$	$300 \leqslant L_K < 500$	$3000 \leqslant L_G < 6000$
四等	$1000 \leqslant L < 2000$	$150 \leqslant L_K < 300$	$1000 \leqslant L_G < 3000$

（3）GPS 网相邻点间弦长精度满足以下要求：

$$\sigma = \sqrt{a^2 + (bd)^2}$$

式中，σ 为标准差(mm)；a 为固定误差(mm)；b 为比例误差系数(mm/km)；d 为基线长度(km)。a、b 值按下表要求取值：

级别	固定误差 a(mm)	固定误差 b(ppm)
二等	≤5	≤1
三等	≤5	≤2
四等	≤5	≤3
一级	≤10	≤3

（4）GPS 测量的卫星高度截止角、有效观测卫星总数、有效观测时间、数据采样率、GDOP、重复测量的最少基线数、施测时段数和手簿记录等，严格按下列《公路规范》要求操作：

GPS 测量观测技术指标

项目	技术要求		
	二等	三等	四等
卫星高度角(°)	≥15	≥15	≥15
有效卫星观测总数	≥4	≥4	≥4
卫星有效观测时间(min)	≥240	≥90	≥60
平均重复设站数(次/每点)	≥4	≥2	≥1.6
数据采样率(s)	≤30	≤30	≤30
图形强度因子(GDOP)	≤6	≤6	≤6

（5）大型构造物独立控制网的基线处理与平差要求

①同一时段观测值的数据剔除率（不包括受高度角和不同步观测影响的值），其值不宜大于 10%。

②同步环坐标分量闭合差应符合以下要求：

$$W_X = \frac{\sqrt{n}}{5} \times \sigma$$

$$W_Y = \frac{\sqrt{n}}{5} \times \sigma$$

$$W_Z = \frac{\sqrt{n}}{5} \times \sigma$$

$$W = \frac{2\sqrt{n}}{5} \times \sigma$$

式中，σ 为弦长标准差（mm）；n 为环或闭合差的边数。

③由独立观测边组成的异步环的坐标分量闭合差应符合以下要求：

$$V_X = \sqrt{\frac{4n}{3}} \times \sigma$$

$$V_Y = \sqrt{\frac{4n}{3}} \times \sigma$$

$$V_Z = \sqrt{\frac{4n}{3}} \times \sigma$$

$$V = 2\sqrt{n} \times \sigma$$

式中，σ 为弦长标准差(mm)；n 为异步环中的边数。

④重复基线测量的差值应满足下式规定：

$$d_s \leq 2\sqrt{2}\sigma$$

⑤在进行 GPS 控制网平差前，应根据实际需要选定起算数据和相应地面坐标，并应对起算数据的可靠性及精度进行检查分析。

⑥参加平差的基线边应符合下列要求：

独立的观测边；

网形构成非同步闭合环，不应存在自由基线；

必须不含明显的系统误差；

组成的闭合环基线数和异步环长度应尽量小。

⑦平差时，首先以一个点的 WGS-84 坐标系的三维坐标作为起算点，进行无约束平差，检查 GPS 基线向量网本身的内符合精度、基线向量间有无明显的系统误差，并剔除含有粗差的基线。

⑧无约束平差中，基线分量的改正数绝对值应满足下式规定，否则，认为该基线或其附近的基线存在粗差：

$$V_{\Delta X} \leq \sqrt{3}\sigma$$

$$V_{\Delta Y} \leq \sqrt{3}\sigma$$

$$V_{\Delta Z} \leq \sqrt{3}\sigma$$

⑨约束平差中，基线分量的改正数与无约束平差结果的同一条基线相应改正数较差的绝对值应满足下式规定，否则，认为作业约束的已知坐标、距离、方位角中存在误差较大的值：

$$dV_{\Delta X} \leq \sqrt{\frac{4}{3}}\sigma$$

$$dV_{\Delta Y} \leq \sqrt{\frac{4}{3}}\sigma$$

$$dV_{\Delta Z} \leq \sqrt{\frac{4}{3}}\sigma$$

同一条边任意两个时段的成果互差应小于 GPS 接收机标准精度 $2\sqrt{2}$ 倍。

当检查或数据处理时，若发现观测数据不能满足要求，应对成果进行全面的分析，并对其中部分数据进行补测或重测，必要时，全部数据应重测。

7. 大型构造物独立平面控制网测量

(1)大型构造物独立控制网的布网方案：大型构造物独立控制网的布设应满足独立控制和放样的要求，特长、长隧道应按专业要求进行贯通控制测量；在路线控制点的基础上，经检测满足《公路规范》要求的控制点，可作为独立控制网的起算点。

（2）大型构造物独立控制网的原则要求：在大型构造物的起止处，根据地形条件按各布设 3 个控制点，点间距控制在 300m 左右，相邻点间必须保持通视；特长隧道在横洞和竖井处应布设两个平面控制点和一个高程控制点，控制点距路线设计中心线的位置宜在 50~300m 范围内。

（3）大型构造物独立控制网的选点、编号：点位应选择在通视条件良好、不影响 GPS 测量和公路及其他地方道路行车安全、且不易受破坏的地方，利于保存和使用；点位设置应稳固可靠，环境应满足《公路规范》要求；独立控制网 GPS 点编号按照独立控制网的前进方向流水编号，不得重复。隧道编号以 SDi（$i=01$，02，…）连续编；桥梁编号以 Dqi（$i=01$，02，…）连续编。

（4）大型构造物独立控制网的埋石：全线控制点按《公路规范》附录 A 的要求埋设水泥混凝土桩，规格为：12cm×15cm×60cm；桩顶用水泥砂浆护桩，规格为：40cm×40cm×10cm（图 1）。顶面镌刻点号和主体单位简称，并喷涂红油漆，如"SD01，××设计院"。采用流水编号，控制点点号字头朝向采用起点至终点方向（自东向西），不得颠倒。隧道中 GPS 点严禁有相同的点名。

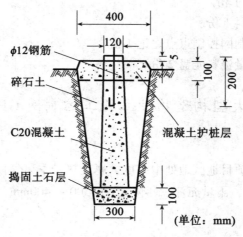

图 1　水泥混凝土桩示意图

（5）困难地段可采用现浇方法，亦可在岩石上钻孔打入钢筋，但标识必须清晰，便于其他测绘人员使用，规格为：40cm×40cm×20cm。

（6）控制点的标石均应设有中心标志。中心标志用直径为 14mm 钢筋制作，并用清晰、精细的十字线刻成直径小于 1mm 的中心点。

（7）当标石埋设于非耕种地上时，应露出地面 2cm；当控制点位于耕作地区时，标石顶面应埋设于耕种表土层以下。

（8）所有独立控制网的 GPS 点在埋石处应设置明显的指向标志，并现场绘制交通路线略图，填写点之记，内业绘制点之记。

（9）大型构造物独立控制网的观测：

①独立控制网 GPS 点采用边连接方式按同步环推进法用 GPS 接收机进行静态定位

观测。

②在安置仪器时，要仔细对中，严格整平，天线对中误差不得大于 1mm；每时段观测应在测前、测后分别量取天线高，两次天线高之差应不大于 3mm，并取平均值作为天线高。

③观测时应防止人员或其他物体触动天线或遮挡信号。

④接收机开始记录数据后，应随时注意卫星信号和信息存储情况。当接收或存储出现异常时，应随时进行调整，必要时，应及时通知其他接收机调整观测计划。

⑤在现场，应按规定作业顺序填写观测手簿，不得事后补记；经检查，所有规定作业项目全部完成，且记录无误后，方可迁站。

(10)成果的记录整理和计算：观测工作结束后，应及时整理和检查外业观测手簿，确认观测成果全部符合本规范规定后方可进行计算。

GPS 控制网基线处理使用天宝 GPS 随机软件(Trimble Geomatics Office)处理；GPS 网平差计算使用武测科傻 GPS 控制测量软件进行严密平差计算。

8. 提交资料

(1)提交项目测量报告(项目测量技术设计、技术总结、检查报告)、独立施工控制网平面控制网平差计算资料 1 份。

(2)提交仪器检定资料 1 份。

(3)提交独立施工控制网控制点点之记 1 份。

(4)提交项目完整测量资料光盘 2 份。

×××高速公路大型构造物独立施工控制网 GPS 测量技术总结

1. 概况

(1)项目地区概况：项目地区地处中纬度，属亚热带季风气候区，温暖多雨，湿润多雾，四季分明，日照充足，雨量充沛。年降雨量 1300~1400mm，无霜期近 300 天，平均温度 15.9℃。

(2)测区位置：

东经：110°15′~110°55′；

北纬：31°08′~31°12′。

(3)交通情况：测区现有 G209、S223、S312 等公路，通乡公路均为土路(晴通雨阻)，由于地处偏僻山区，部分乡镇地段汽车无法通行，进山多为曲径小路。

2. 完成工作量统计

(1)平面控制网复测 157 个点；

(2)埋设控制点 23 个点。

3. 资料利用情况

(1)公路设计研究院提供四等 GPS 点成果。

(2)公路设计研究院提供在 1:2000 图上设计的公路路线图以及连接线、整体式路基、分离式路基、互通路线图。

4. 执行技术依据

(1)《公路勘测规范》JTG C10—2007(简称《公路规范》);

(2)《测绘技术总结编写规定》CH1001—91;

(3)《测绘产品检查验收规定和质量评定》GB/T18316—2001。

5. 人员、仪器设备

(1)项目人员:高级工程师 1 人、工程师 7 人、助理工程师 12 人、技术员 25 人,具体分为:8 个构造物独立施工控制平面组、1 个内业组、1 个质量检查组、1 个安全和后勤组。

(2)项目设备配置:

序号	设备名称	型号	标称精度	数量
1	双频 GPS 接收机	Leica 530	5mm+1ppm·D	5 台
2	双频 GPS 接收机	Trimble 5800	5mm+1ppm·D	5 台
3	双频 GPS 接收机	Trimbie 5700	5mm+1ppm·D	3 台

6. 坐标和高程系统

(1)平面坐标系统:

①GPS 测量采用 WGS-84 坐标系。

②采用平面系统为公路抵偿坐标系,独立坐标系 1:中央子午线为 110°50′、投影高程面为 310m 投影高程面的坐标系和公路抵偿坐标系;独立坐标系 2:中央子午线为 110°20′,投影高程面为 520m 投影高程面的坐标系。具体的坐标系统及参数如下:

名称	使用范围	高程面高程(m)	中央子午线	公路抵偿坐标系椭球长半轴(m)
独立坐标系 1	K20 至 K55	310	110°50′	6378591.689
独立坐标系 2	K55 至 K87	520	110°20′	6378801.5

注:高程异常为 37m。

③大型构造物施工控制网抵偿坐标系统建立的相关参数(取部分做示例):

序号	构造物名称	中央子午线	投影高程面(m)	新椭球长半轴(m)
1	龙洞山隧道	110°50′	350	6378631.653
2	天公河特大桥	110°50′	310	6378591.689
3	凤火山隧道	110°50′	310	6378591.689

序号	构造物名称	中央子午线	投影高程面(m)	新椭球长半轴(m)
4	小溪河特大桥	110°50′	250	6378531.743
5	四排河特大桥	110°50′	310	6378591.689
6	打柴河特大桥	110°50′	310	6378591.689
7	熊家头隧道	110°50′	460	6378741.554
8	兰家垭隧道	110°20′	460	6378741.554

(2)高程坐标系统：采用 1985 国家高程基准。

7. 测量精度规格与要求

(1)GPS 网相邻点间弦长精度满足以下要求：

$$\sigma = \sqrt{a^2 + (bd)^2}$$

式中，σ 为标准差(mm)；a 为固定误差(mm)；b 为比例误差系数(mm/km)；d 为基线长度(km)。a、b 值按下表要求取值：

级别	固定误差 a(mm)	固定误差 b(ppm)
二等	≤5	≤1
三等	≤5	≤2
四等	≤5	≤3
一级	≤10	≤3

注：计算 GPS 测量大地高差的精度时，a、b 可放宽至 2 倍。

(2)各级平面控制测量的最弱点点位中误差、最弱相邻点相对点位中误差和最弱相邻点边长相对中误差精度要求如下：

测量等级	(相对于起算点)的点位中误差(cm)	最弱相邻点相对点位中误差(cm)	最弱相邻点边长相对中误差
二等	≤±5	≤±3	1/100000
三等	≤±5	≤±3	1/70000
四等	≤±5	≤±3	1/35000
一级	≤±5	≤±3	1/20000

(3)对特殊结构的构造物，当对测量精度要求较高时，应根据构造物的结构和精度要求确定平面控制测量的精度。大型构造物投影长度变形值小于 1cm/km。

(4)构造物平面控制网应联系于路线控制网上，并应保持其本身的精度。当构造物平面控制网中检核点与路线控制测量中横坐标差异较大时，应对构造物平面控制网进行旋转。最终成果中检核点在两个网中的坐标差值不应大于 4cm。

8. 测量方法

(1)平面控制测量方法：本次平面施工控制网测量采用 5 台 Leica SR530 型双频 GPS 接收机(5mm+1ppm)、5 台 Trimble5800 双频 GPS 接收机(5mm+1ppm)及 3 台 Trimble5700 双频 GPS 接收机(5mm+1ppm)进行施测，同时接收来自卫星的 L_1、L_2 频率的信号进行载波相位观测。GPS 测量采用静态定位模式。

(2)平差采用武汉大学测绘学院研制的科傻地面控制测量数据处理系统进行计算。

9. 选点、埋石与编号

(1)选点：

①平面控制点及高程控制点均布设在路线 50~300m 范围内；

②GPS 控制网的平均点距在 500m 左右。

(2)埋石：在项目所在地对已有测量进行利用，对于新埋设的控制点标石，其规格为 120mm×150mm×600mm 的水泥砼桩，桩中埋设了一根长 300mm 的 Φ14 钢筋，并在桩顶露出 5mm 且刻画十字丝。埋设时，基坑使用水泥砂浆、石块回填夯实，在上部用水泥砂浆护桩，规格为 400mm×400mm×100mm，顶面篆刻点号和设计单位简称。点位能长期保存，并埋设在土质坚实或稳固的建筑物上。在困难地区采用现浇方法，使标识清晰。

(3)编号：

①四等 GPS 平面控制网按顺序编号，GPS 点编号为：GPS××，特长隧道控制网编号为：SD××；

②水准点编号与平面控制点编号一致；

③各类编号均刻画在标石盖帽上，以红色油漆喷绘清楚。

10. 观测方案及要求

(1)联测国家点：以国家平面控制点作为 GPS 控制网成果转换到地方坐标的起算数据，联测了国家平面控制点 3 个，联测的国家控制点经检验合格。

(2)GPS 观测技术要求：

项目	技术要求		
	二等	三等	四等
卫星高度角(°)	≥15	≥15	≥15
有效卫星观测总数	≥4	≥4	≥4
卫星有效观测时间(min)	≥240	≥90	≥60
平均重复设站数(次/每点)	≥4	≥2	≥1.6
数据采样率(s)	≤30	≤30	≤30
图形强度因子(GDOP)	≤6	≤6	≤6

(3)GPS 作业要求：

①严格遵守观测计划和调度命令，按规定的时间进行同步观测作业，测站之间密切配合；

②到达点位以后，按要求架设好接收机天线，做到精确对中、严格整平，并做好仪器、天线、电源的正确连接；

③接收机开始记录数据后，观测员应经常查看测站信息及其变化情况，如发现异常情况应及时通报工地现场指挥员；

④做好观测记录，认真量取天线高，并两次取平均值，取位到毫米。

11. 数据处理

(1)GPS 数据预处理：

①存储在接收机内的观测数据及时传输至计算机中进行数据质量检查和其他数据预处理。

②失周较多或接收质量较差时段的数据，其观测值数据剔除率小于10%。

③同步环各坐标分量及全长闭合差均满足：

$$W_X = \frac{\sqrt{n}}{5} \times \sigma$$

$$W_Y = \frac{\sqrt{n}}{5} \times \sigma$$

$$W_Z = \frac{\sqrt{n}}{5} \times \sigma$$

$$W = 2\frac{\sqrt{n}}{5} \times \sigma$$

式中，σ 为弦长标准差(mm)；n 为环或闭合差的边数。

④由独立观测边组成的异步环的坐标分量闭合差应符合以下要求：

$$V_X = \sqrt{\frac{4n}{3}} \times \sigma$$

$$V_Y = \sqrt{\frac{4n}{3}} \times \sigma$$

$$V_Z = \sqrt{\frac{4n}{3}} \times \sigma$$

$$V = 2\sqrt{n} \times \sigma$$

式中，σ 为弦长标准差(mm)；n 为异步环中的边数。

⑤重复基线测量的差值应满足下式规定：

$$d_s \leq 2\sqrt{2}\sigma$$

⑥在进行 GPS 控制网平差前，根据实际需要选定起算数据和相应地面坐标，并对起算数据的可靠性及精度进行检查分析。

(2)GPS 平差计算：

①三维基线向量网的无约束平差在 WGS-84 坐标系中进行；

②二维基线向量网通过三维基线向量网投影后与地面网进行约束平差。

12. 精度统计

(1)控制网复测精度统计：

网名称	等级	点数（个）	基线数（条）	闭合环（个）	重复基线（条）	最弱点点位中误差(cm)	最弱边相对边长中误差
四等 GPS 网	四等	157	879	564	248	±0.65	1/66000

(2)构造物施工控制网精度统计：

网名称	等级	点数（个）	基线数（条）	闭合环（个）	重复基线（条）	最弱点点位中误差(cm)	最弱边相对边长中误差
龙洞山隧道	三等	8	47	16	62	±0.19	1/256000
天公河大桥	四等	8	23	13	6	±0.11	1/479000
风火山隧道	二等	11	149	36	418	±0.17	1/283000
小溪河大桥	三等	7	30	13	22	±0.12	1/406000
四排河大桥	四等	9	30	18	8	±0.19	1/321000
打柴河大桥	四等	8	29	20	4	±0.18	1/259000
兰家垭隧道	二等	15	185	43	578	±0.84	1/144000
熊家头隧道	四等	7	21	436	58	±0.05	1/744000

(3)线路起点与其他标段联测精度统计：

线路起点与其他标段联测成果比较表

	原测成果		定测成果		差值		
平面 1954 年北京坐标系，中央子午线为 110°40′，高程投影面为 500m							
点名	X(m)	Y(m)	X(m)	Y(m)	Vx(m)	Vy(m)	Vs(m)
SD523	3452237.623	526842.805	3452237.614	526842.796	0.009	0.009	0.013
SD524	3452026.531	526381.247	3452026.517	526381.240	0.014	0.008	0.016
SD525	3452202.034	526170.064	3452202.015	526170.058	0.019	0.006	0.020

(4)线路终点与其他标段联测精度统计：

线路终点与其他标段联测成果比较表

	原测成果		定测成果		差值		
平面 1954 年北京坐标系，中央子午线为 111°00′，高程投影面为 0m							
点名	X(m)	Y(m)	X(m)	Y(m)	Vx(m)	Vy(m)	Vs(m)
S02	3454879.431	455336.695	3454879.397	455336.676	0.033	0.019	0.038
S03	3455041.052	455512.204	3455041.007	455512.187	0.045	0.017	0.048

13. 测量成果外业检查

项目结束后，项目组人员对项目四等 GPS 观测的边长及标石埋设进行检查，外业检查范围约占整个测区 10%，各项检查结果均符合规范要求。

14. 测量成果使用说明

对项目所在地的地理位置进行分析，且根据《公路勘测规范》对四等 GPS 控制网的工程要求，变形要求小于 2.5cm/km，选择了满足规范要求的公路独立坐标系：中央子午线为 110°50′、投影高程面为 310m 和中央子午线为 110°20′、投影高程面为 520m。

此次对原测的控制点成果进行了复测和补测，因原测控制点资料时间跨度大和离定测线位较远，且有部分控制点被破坏，在作业中，对破坏的控制点进行了恢复，对偏离线位较远的控制点进行了重新选点、埋石、观测及重新平差计算。平差后，成果与初测成果比较，初测成果资料符合精度要求，但本次复测的控制网中新埋设的控制点多（利用原有的控制点 134 点，新增设的控制点 23 点），且高程投影面与初测不一致，为了保证全线施工成果的一致性，建议使用此次控制测量成果作为施工阶段成果。

此次独立施工控制网为了满足工程要求，变形要求小于 1.0cm/km，都采用相应独立施工坐标系进行计算。但为了设计使用方便，独立施工坐标系又通过旋转、平移方法进行转换至相应路线基础控制网平面坐标系统中，与相应路线段地形图 1：2000 坐标系统保持一致。由于经过缩放，与路线段对应坐标有差别（同一坐标系统）。

15. 提供资料清单

序号	资料名称	数量	备注
1	GP 控制网平差计算手簿	1 份	含成果表
2	GPS 施工控制网平差计算手簿	1 份	含成果表
3	控制点成果表	1 份	
4	控制点点之记	1 份	
5	仪检资料（复印件）	1 套	
6	技术设计书、技术总结、检查报告	2 份	
7	以上资料光盘刻录	2 份	

参 考 文 献

1. 周忠谟，易杰军，周琪．GPS卫星测量原理及应用．北京：测绘出版社，1999.
2. 宁津生，陈俊勇，李德仁，等．测绘学概论．武汉：武汉大学出版社，2006.
3. 宁津生，刘经南，陈俊勇，等．现代大地测量理论与技术．武汉：武汉大学出版社，2006.
4. 党亚民，秘金钟，成英燕．全球导航卫星系统原理与应用．北京：测绘出版社，2007.
5. 徐绍铨，张华海，王泽民，等．GPS测量原理及应用．武汉：武汉大学出版社，2008.
6. 李征航，黄劲松．GPS测量与数据处理．武汉：武汉大学出版社，2008
7. 李征航，徐德宝，等．空间大地测量理论基础．武汉：武汉测绘科技大学出版社，1998.
8. 魏二虎，黄劲松．GPS操作与数据处理．武汉：武汉大学出版社，2004.
9. 刘基余，李征航，王跃虎，等．全球定位系统原理及其应用．北京：测绘出版社，1993.
10. 刘基余．GPS导航定位原理与方法．北京：科学出版社，2003.
11. 李天文．GPS原理及应用．北京：科学出版社，2003.
12. 程鹏飞，等．2000国家大地坐标系实用宝典．北京：测绘出版社，2008.
13. 胡友健，罗昀，曾云．全球定位系统(GPS)原理与应用．武汉：中国地质大学出版社，2003.
14. 边少锋，李文魁．卫星导航系统概论．北京：电子工业出版社，2005.
15. 李毓麟．高精度静态GPS定位技术研究论文集．北京：测绘出版社，1996.
16. 刘经南，陈俊勇，张燕平，等．广域差分GPS原理和方法．北京：测绘出版社，1999.
17. 王昆杰，王跃虎，李征航．卫星大地测量学．北京：测绘出版社，1990.
18. 张勤，李家权．全球定位系统(GPS)测量原理及其数据处理基础．西安：西安地图出版社，2001.